H. Kutka, J. Marku, H. Rieß

Technisches Zeichnen Metall

Grundbildung (BGJ/k)

Lehrbuch

5. Auflage

Hinweis

Zu dem vorliegenden Lehrbuch erhalten Sie unter Bestellnummer **0459A** das zugehorige Arbeitsheft.

Bestellnummer 0458A

Bildungsverlag EINS

Inhaltsverzeichnis

Funktion der technischen Zeichnung 3

Bedeutung der Normen 4

0 Zeichnungsarten nach DIN 199-1 und -3 5
Skizze, Gesamtzeichnung 5–6
Schriftfeld, Stückliste 7
Gruppenzeichnung 8
Teilzeichnung 9
Explosionszeichnung 10

1 Grundlegende Regeln und Normen 11
Zeichenmittel 11
Linienarten, Linienbreiten, Liniengruppen und Anwendung (DIN ISO 128-24) 12
Zeichenregeln für die wichtigsten Linienarten 13
Maßstäbe, Blattgrößen 14
Normschrift nach DIN EN ISO 3098-0 und 3098-2 15

2 Geometrische Grundkonstruktionen 16
Senkrechte, Mittelsenkrechte, Lot und Parallele, Winkelteilung, Winkelübertragung, Streckenteilung 16
Anschlussbogen, Sechseck, Zwölfeck, Ellipse . . 17

3 Flache Werkstücke mit Bearbeitungsformen . . 18
Maßeintragung in Zeichnungen (DIN 406-11) 19
Bemaßung von Werkstücken mit Nut und Durchbruch 20
Beispiele der Maßeintragung in Zeichnungen 21
Die Bezugsebene 22
Symmetrieachse als Maßbezugslinie 23
Beispiele zur Bemaßung symmetrischer Werkstücke 24
Maße an Kreisen (DIN 406-11) 25
Maße an Radien (Halbmesser) DIN 406-11 26
Maße an Winkeln (DIN 406-11) 27
Maßzahlen bei Winkelangaben (DIN 406-11), vereinfachte Bemaßung einer Fase 28
Teilungen 29

4 Werkstücke in perspektivischer Darstellung . . 30
Isometrische und dimetrische Projektion (DIN ISO 5456-3) 30
Perspektive – Darstellung in Zeichenschritten 31

5 Prismatische Werkstücke 32
Werkstücke in zwei Ansichten 32–33
Notwendigkeit einer dritten Ansicht 34
Werkstücke in sechs Ansichten (DIN ISO 128-30 und DIN ISO 5456-2) 35
Körper in der Raumecke 36
Werkstücke mit verdeckten Kanten 37

6 Zylindrische Werkstücke 38
Der Zylinder in der Raumecke, Der Zylinder in der Projektionsebene 38
Vereinfachte Darstellung des Zylinders, Drehteile 39
Bemaßung zylindrischer Werkstücke 40
Toleranzangaben 41–42
Angabe der Oberflächenbeschaffenheit (DIN EN ISO 1302) 43–45
Zylinderschnitte – Übersicht 46
Einfache Zylinderschnitte (Zylinderabflachungen) 47
Schlüsselweite (SW) 48
Zylinderausschnitt 49
Hohlzylinder mit Durchbruch 50
Zylinder schräg geschnitten 51

7 Schnittdarstellungen (DIN ISO 128-40) 52
Vollschnitt 52
Halbschnitt 53
Teilschnitt 54
Schnitte in mehreren Ebenen (DIN ISO 128-44) 55
Allgemeine Regeln für Schnitte 56–57

8 Schraubverbindungen (DIN ISO 6410-1) 58
Außengewinde 58
Innengewinde im Schnitt und in der Ansicht . . 59
Verschraubung (Außen- und Innengewinde) . . 60
Sechskantschraube mit Mutter 61
Senkungen (DIN 74, DIN 974-1 ... -2 und DIN ISO 7721) 62

9 Technische Darstellungen 63
Auswerten einer Gesamtzeichnung 63–64
Auswerten einer Teilzeichnung 64–65
Beispiel einer Zeichnungsauswertung 66

10 Elektrische Schaltpläne 67
Einfache elektrische Schaltungen 67
Betriebsmittel (Symbole und Referenzzeichen) 67
Mehrpoliger Stromlaufplan am Beispiel Ausschaltung in zusammenhängender und aufgelöster Darstellung 68
Einpoliger Stromlaufplan am Beispiel Ausschaltung (Übersichtsschalt-, Übersichts- u. Installationsplan) 69
Stromlaufpläne (Zusammenfassung) 70
Aufbau einer Serienschaltung 71
Serien-Zwangsfolgeschaltung 72
Wechselschaltung 73
Gruppenschaltung 73
Installationsschaltungen mit Beleuchtung und Betriebs-Zustandsanzeige . . 73
Darstellung von Stromkreisen in Gebauden (Installationsplan) 74

11 Schalt- und Aufbaupläne der Pneumatik 75
Bauelemente und Grundschaltungen der Pneumatik 75–77
Schaltplan einer Steuerkette 78
Zustandsdiagramme 79
Pneumatikschaltplan, Zustandsdiagramm 80

Haben Sie Anregungen oder Kritikpunkte zu diesem Produkt?
Dann senden Sie eine E-Mail an 0458A_005@bv-1.de
Autoren und Verlag freuen sich auf Ihre Rückmeldung.

www.bildungsverlag1.de

Bildungsverlag EINS GmbH
Hansestraße 115, 51149 Köln

ISBN 978-3-8237-**0458**-4

Funktion der technischen Zeichnung

Form, Größe, Oberflächenbeschaffenheit, Aufbau und Funktion von Werkstücken, Vorrichtungen oder gar Maschinen sind mit Worten nur schwer und meist unvollständig zu beschreiben.
Dies geschieht am besten durch aus Linien bestehende, bildliche Darstellungen, den technischen Zeichnungen, die u. a. durch Maßzahlen, Wortangaben, Symbolen, Tabellen u. Ä. ergänzt werden.
Die technischen Zeichnungen sollen die dargestellten Werkstücke vollständig, klar und eindeutig beschreiben. Voraussetzung ist hierfür, dass die Zeichnungen nach bestimmten Vorschriften und Richtlinien angefertigt werden.
Solche Richtlinien nennen sich Normen. Sie werden vom „Deutschen Normenausschuss" (DNA) festgelegt und in DIN-Normblättern herausgegeben.
Somit wird die technische Zeichnung ein unverzichtbares Verständigungsmittel zwischen dem Konstrukteur und dem ausführenden Betrieb.

Aus der technischen Zeichnung können wir beispielsweise entnehmen:

- Form, Größe, Abmessungen mit Toleranzen, Passungen, Oberflächenbeschaffenheit, Härteangaben, Werkstoff und Halbzeug eines Werkstückes (wichtig für die Teilefertigung und deren Prüfung),
- Lage und Verbindungen eines Werkstückes zu anderen Bauteilen (wichtig für die Montage bzw. Demontage bei Reparaturen),
- Funktion und Wirkungsweise einzelner Teile oder ganzer Apparate bzw. Maschinen (wichtig beim Erkennen und Beseitigen von auftretenden Störungen).

Beispiel einer technischen Zeichnung

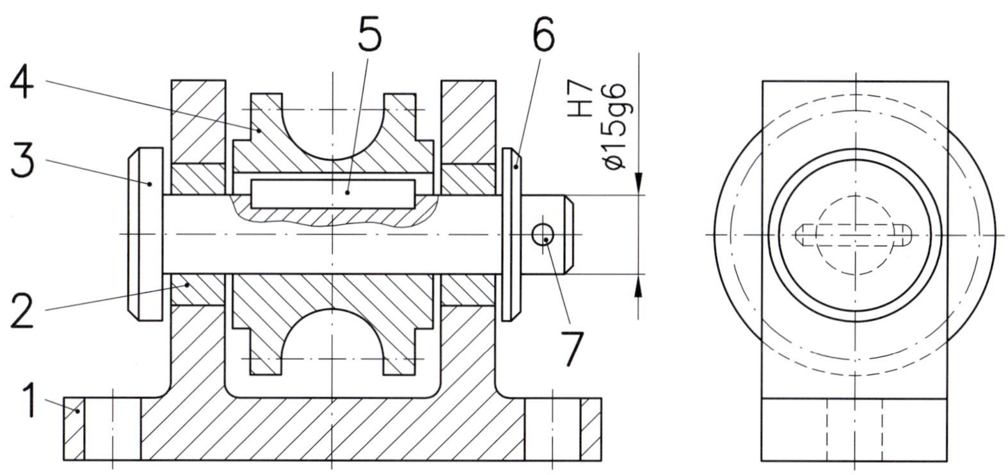

M 1:1

Pos.	Menge	Einheit	Benennung	Sachnummer/Norm-Kurzbezeichnung	Bemerkung
7	1	Stck.	Zylinderstift	DIN EN ISO 2338-A-4x18-St	
6	1	Stck.	Scheibe	DIN EN ISO 7090-15-200HV	
5	1	Stck.	Passfeder	DIN 6885-A5x5x25-St	
4	1	Stck.	Transportrolle	01.004	
3	1	Stck.	Bolzen	01.003	gehärtet
2	2	Stck.	Lagerbuchse	01.002	
1	1	Stck.	Lagerbock	01.001	
1	2	3	4	5	6

Verantwortl. Abt.	Technische Referenz	Erstellt durch	Genehmigt von
BS I An	H. Rieß	J. Marku	H. Kutka

Bildungsverlag EINS	Dokumentenart: Zusammenbauzeichnung	Dokumentenstatus: Freigegeben
	Titel, Zusätzlicher Titel: Rollenlager	01.000
		Änd.: B; Ausgabedatum: 2009-01-20; Spr.: de; Blatt: 1/1

Bedeutung der Normen

Die Normung ist ein Mittel zur Ordnung in der Technik. Sie stellt bewährte und anerkannte Regeln bereit für wiederkehrende Aufgaben in Industrie, Handwerk, Dienstleistungsgewerbe, öffentlichen Unternehmen, Behörden u. a.

Normen werden durch mehrere Organisationen in unserer Wirtschaft für die verschiedensten Bereiche erstellt.

So werden z. B. in Zeichnungsnormen Regeln festgehalten, die es ermöglichen, räumliche Gegenstände eindeutig und allgemeinverständlich darzustellen bzw. zu beschreiben.

Normabkürzungen und ihre Bedeutung

DIN ...

Eine DIN-Norm ist eine deutsche Norm, die im Deutschen Institut für Normung e. V. in Berlin erarbeitet und von ihm mit dem Zeichen **DIN** herausgegeben wird.

Beispiel: DIN 74

EN ...

Europäische Norm der Europäischen Normenorganisation CEN in Brüssel.

Beispiel: EN ...

ISO ...

Eine ISO-Norm ist eine internationale Norm der Internationalen Organisation für Normung mit Sitz in Genf und des Europäischen Komitees für Normung (CEN) in Brüssel. Das Deutsche Institut für Normung e.V. arbeitet in diesen Organisationen mit.

Beispiel: ISO 1

DIN EN ...

Eine europäische Norm (EN), welche auch als deutsche Norm gültig ist.

Beispiel: DIN EN 22338

DIN ISO ...

Eine DIN-ISO-Norm ist eine deutsche Norm, in welche eine internationale Norm der ISO ohne Änderung übernommen wurde.

Beispiel: DIN ISO 1302

DIN EN ISO ...

Eine europäische Norm, in die eine internationale Norm ohne Änderung übernommen wurde und deren deutsche Übersetzung als deutsche Norm gültig ist.

Beispiel: DIN EN ISO 7090

DIN ... – ...

„– ..." bedeutet Teil ... einer Norm. So können umfangreiche Normen mehrere Teile mit mehreren Seiten haben.

Beispiel: DIN 228 – 2

DIN ... Bbl. ...

Die Abkürzung Bbl. kennzeichnet ein Beiblatt mit Informationen zu einer DIN-Norm. Es enthält keine genormten Festlegungen.

Beispiel: DIN 6935 Bbl. 2

VDE ...

VDE-Regelschriften werden vom Verband Deutscher Elektrotechniker erstellt.

Beispiel: VDE 0530

VDI ...

VDI-Richtlinien werden vom Verein Deutscher Ingenieure e.V. erarbeitet.

Beispiel: VDI 3225

Werknorm

Eine von einem Betrieb bzw. Unternehmen festgelegte Norm heißt Werknorm. Sie ist nur im Wirkungsbereich dieses Betriebes gültig und wird z. B. erstellt, wenn auf einem Fachgebiet eine Regelung nicht vorhanden ist.

0 Zeichnungsarten nach DIN 199-1 und -3

Skizze

Eine Skizze wird erstellt, wenn ein Werkstück, ein Gerät oder eine Vorrichtung (z. B. Bohrprisma) entworfen wird. Eine Anfertigung erfolgt auch, wenn von einem defekten Teil, das schnell angefertigt werden soll, keine technische Zeichnung vorliegt.

Die Skizze dient auch als Vorlage zur Herstellung einer normgerechten Zeichnung, z. B. Gesamtzeichnung, Teilzeichnung, usw.

Unter einer Skizze versteht man eine
- nicht unbedingt maßstäbliche, aber verhältnisgleiche,
- weniger vollständige,
- meist freihändig und spontan

erstellte Zeichnung mit geringerem Informationsinhalt als die technische Zeichnung.

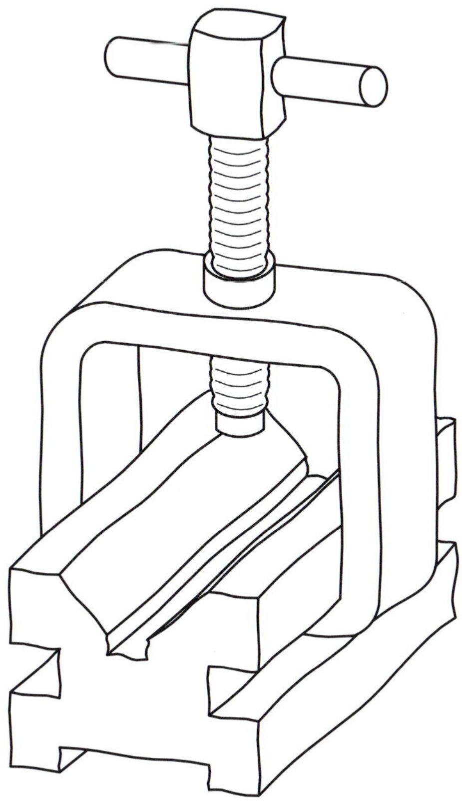

Gesamtzeichnung

Eine Gesamtzeichnung zeigt maßstäblich und normgerecht eine Vorrichtung, ein Gerät oder eine Maschine im gesamten Aufbau.

Aus ihr können entnommen werden:
- Lage, Verbindung, Zusammenwirken, Form und Anzahl der Einzelteile,
- Ein- und Ausbau der Einzelteile,
- Funktion und Wirkung einzelner Teile, Gruppen oder der ganzen Vorrichtung.

Eine Gesamtzeichnung muss nicht unbedingt alle Einzelheiten der Werkstücke wiedergeben. Zur Teilebezeichnung dienen *Positionsnummern*, die etwa doppelt so groß sind wie die Maßzahlen. Sie können neben, über oder unter das Bild des Teiles gesetzt werden. Jede Positionsnummer ist mit dem zugeordneten Teil durch eine schräge Hinweislinie zu verbinden.

Die Gesamtzeichnung erhält ein **Schriftfeld**, das für die betrieblichen Belange notwendig ist.

Das Zusammentragen bzw. das Bereitstellen aller Einzelteile zwecks Zusammenbau wird durch eine Aufstellung aller Teile, die sogenannte **Stückliste**, erleichtert. Diese wird z. B. auf das Schriftfeld gesetzt.

Beispiel einer Gesamtzeichnung

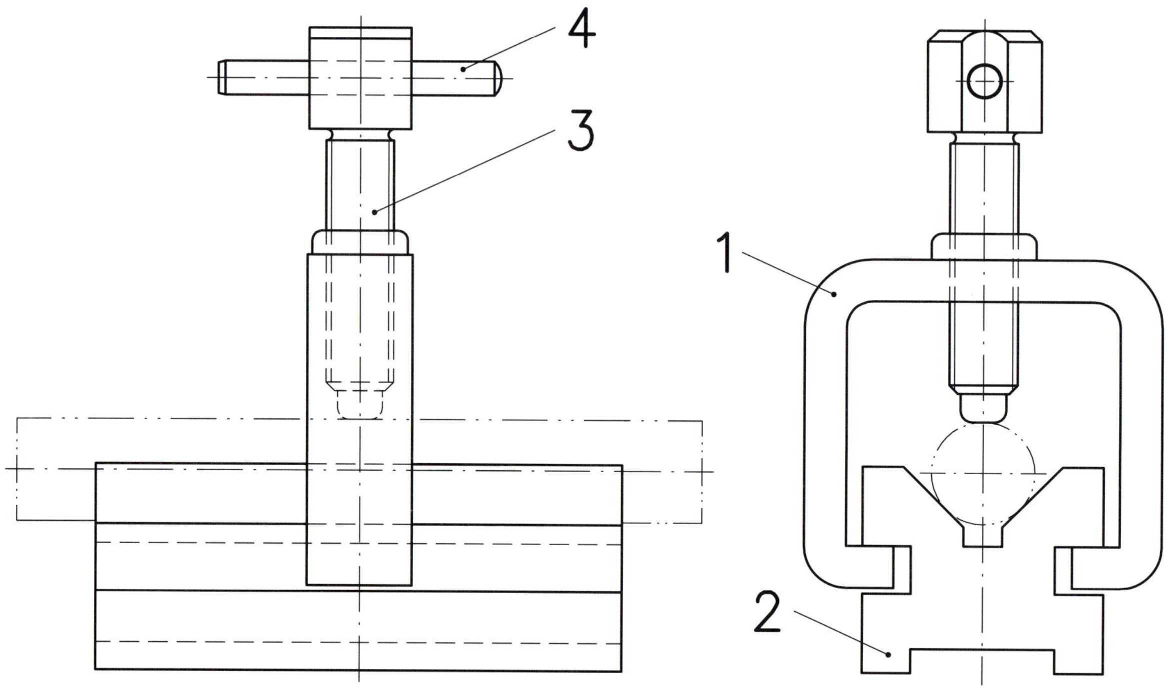

M 1:1

4	1	Stck.	Zylinderstift	DIN EN ISO 8734–A–6x50–St	
3	1	Stck.	Spindel	02.001	
2	1	Stck.	Spannprisma	02.001	gehärtet
1	1	Stck.	Spannbügel	02.001	
Pos.	Menge	Einheit	Benennung	Sachnummer/Norm–Kurzbezeichnung	Bemerkung
1	2	3	4	5	6

Verantwortl. Abt.	Technische Referenz	Erstellt durch	Genehmigt von	
BS I An	H. Rieß	J. Marku	H. Kutka	

Bildungsverlag EINS	Dokumentenart Zusammenbauzeichnung	Dokumentenstatus Freigegeben
	Titel, Zusätzlicher Titel Bohrprisma komplett	02.000
		Änd. A · Ausgabedatum 2010–01–22 · Spr. de · Blatt 1/1

Schriftfeld

Nach DIN EN ISO 7200 wird ein 180 mm langes Schriftfeld mit begrenzten Datenfeldern vorgestellt. Die Feldhöhen und -breiten der Felder sind zwar nicht vorgeschrieben, dürfen aber nur eine Höchstzahl von Zeichen aufnehmen. Das Schriftfeld soll rechts unten je 10 mm von den Blattkanten angeordnet werden.
Angaben, z. B. Maßstab, Toleranzen, Oberflächenangaben oder Projektionssinnbild, werden außerhalb des Schriftfeldes in die Zeichnung aufgenommen.

<table>
<tr><td>Verantwortl. Abt.
WzK 01</td><td>Technische Referenz
Anton Schmidt</td><td>Erstellt durch
Christa Müller</td><td colspan="3">Genehmigt von
Hans Meier</td><td></td></tr>
<tr><td colspan="2" rowspan="3">Zeichnungseigentümer
(z. B. Firma, Unternehmen)</td><td colspan="2">Dokumentenart
Zusammenbauzeichnung</td><td colspan="4">Dokumentenstatus
Freigegeben</td></tr>
<tr><td colspan="2" rowspan="2">Titel, Zusätzlicher Titel
Deckplatte
kpl. mit Fixierung</td><td colspan="4">XYZ 220-12345-01</td></tr>
<tr><td>Änd.
A</td><td>Ausgabedatum
2010-02-16</td><td>Spr.
de</td><td>Blatt
1/1</td></tr>
</table>

Stückliste

In ihr werden nach DIN 6771-2, Form A und B, alle Fertigungs- und Normteile (häufig verwendete Teile) einer Baugruppe oder eines Gerätes eingetragen.
Sie ist nicht nur notwendig für die Fertigung und Montage, sondern z. B. auch für den Einkauf von Normteilen und Werkstoffen, für das Lagerwesen und für das Beschaffen von Ersatzteilen.

Die Stücklistenform A enthält die Eintragungen

- Positions-Nummer,
- Menge,
- Einheit,
- Benennung,
- Sachnummer/Norm-Kurzbezeichnung,
- Bemerkung

und die der Form B zusätzlich

- Werkstoff,
- Gewicht.

Beide Stücklistenarten können über das Schriftfeld angeordnet (angehängt) oder bei vielen Einzelteilen als lose Form nach DIN A4 hoch (Form A) und DIN A4 quer (Form B) geführt werden.
Bei der angehängten Stückliste erfolgt die Eintragung der Einzelteile beginnend mit der Pos.-Nr. 1 fortlaufend von *unten nach oben*, bei der losen Stückliste von *oben nach unten*.

Eintragung in die Form A (angehängt) von unten nach oben:

3					
2					
1					
Pos.	Menge	Einheit	Benennung	Sachnummer/Norm-Kurzbezeichnung	Bemerkung
1	2	3	4	5	6

Eintragung in die Form A (lose Stückliste) von oben nach unten:

1	2	3	4	5	6
Pos.	Menge	Einheit	Benennung	Sachnummer/Norm-Kurzbezeichnung	Bemerkung
1					
2					
3					

Anmerkung: DIN 6771-2 wurde ersatzlos zurückgezogen, weil überwiegend firmenspezifische CAD-/EDV-Stücklisten Verwendung finden.

Gruppenzeichnung

Eine Gruppenzeichnung ist eine maßstäbliche und normgerechte technische Zeichnung, welche die räumliche Lage und die Form der zu einer Gruppe zusammengefassten Teile darstellt.

In unserem Beispiel Bohrprisma wäre es bei einer Serien- oder Massenfertigung sogar sinnvoll, aus den Einzelteilen 3 und 4 eine Gruppe „Spindel komplett“ zu bilden.

Die Einzelteile dieser Gruppe könnten in einer Vormontage mithilfe einer Vorrichtung miteinander verpresst, evtl. zwischengelagert und in der Fertigmontage zusammengefügt werden.

Die Gesamtzeichnung und die Stückliste des Bohrprismas würde dann allerdings nur drei Positionen aufweisen, nämlich das Spannprisma, den Spannbügel und die komplette Spindel.

Weil unser Bohrprisma in kleiner Stückzahl gefertigt wird, ist eine Gruppenbildung nicht erforderlich.

Beispiel einer Gruppenzeichnung

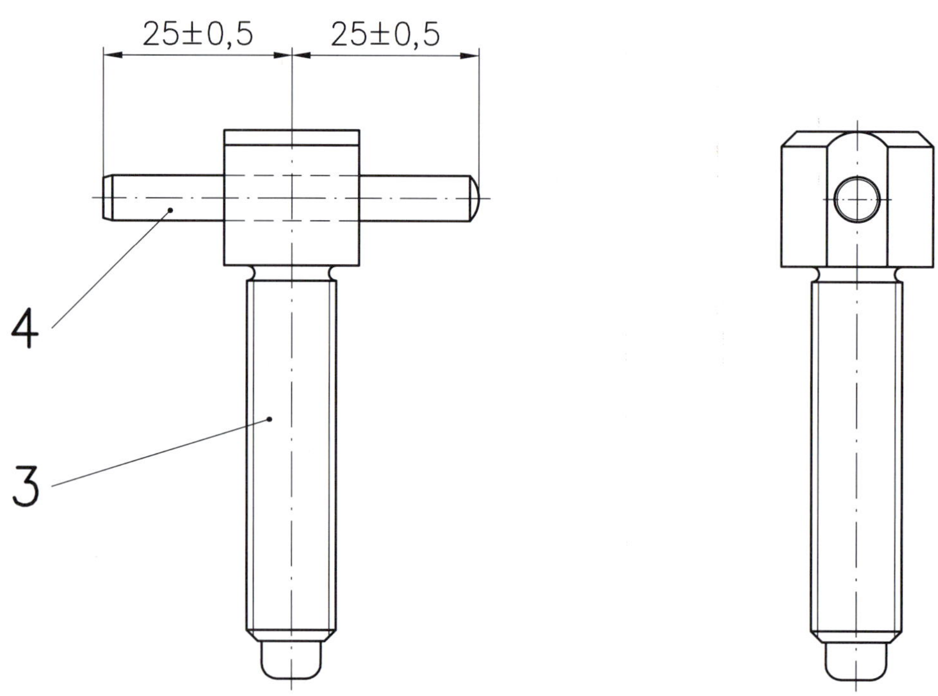

M 1:1

4	1	Stck.	Zylinderstift	DIN EN ISO 8734–A–6x50–St	
3	1	Stck.	Spindel	02.001	
Pos.	Menge	Einheit	Benennung	Sachnummer/Norm–Kurzbezeichnung	Bemerkung
1	2	3	4	5	6

Verantwortl. Abt. BS I An	Technische Referenz H. Rieß	Erstellt durch J. Marku	Genehmigt von H. Kutka	

Bildungsverlag EINS	Dokumentenart Gruppenzeichnung	Dokumentenstatus Freigegeben
	Titel, Zusätzlicher Titel Spindel komplett	02.100 Änd. B · Ausgabedatum 2010–01–23 · Spr. de · Blatt 1/1

Teilzeichnung

Eine Teilzeichnung ist eine maßstäbliche und normgerechte technische Zeichnung, die ein oder mehrere Werkstücke ohne räumliche Zuordnung zu anderen Teilen zeigt.
Sie muss aber alle Informationen, die zur Anfertigung eines Werkstückes erforderlich sind, enthalten.

Dies können sein:
- Form,
- Maße,
- Toleranzen,
- Härteangaben,
- Oberflächenangaben,
- Werkstoff und Halbzeug.

Beispiel einer Teilzeichnung

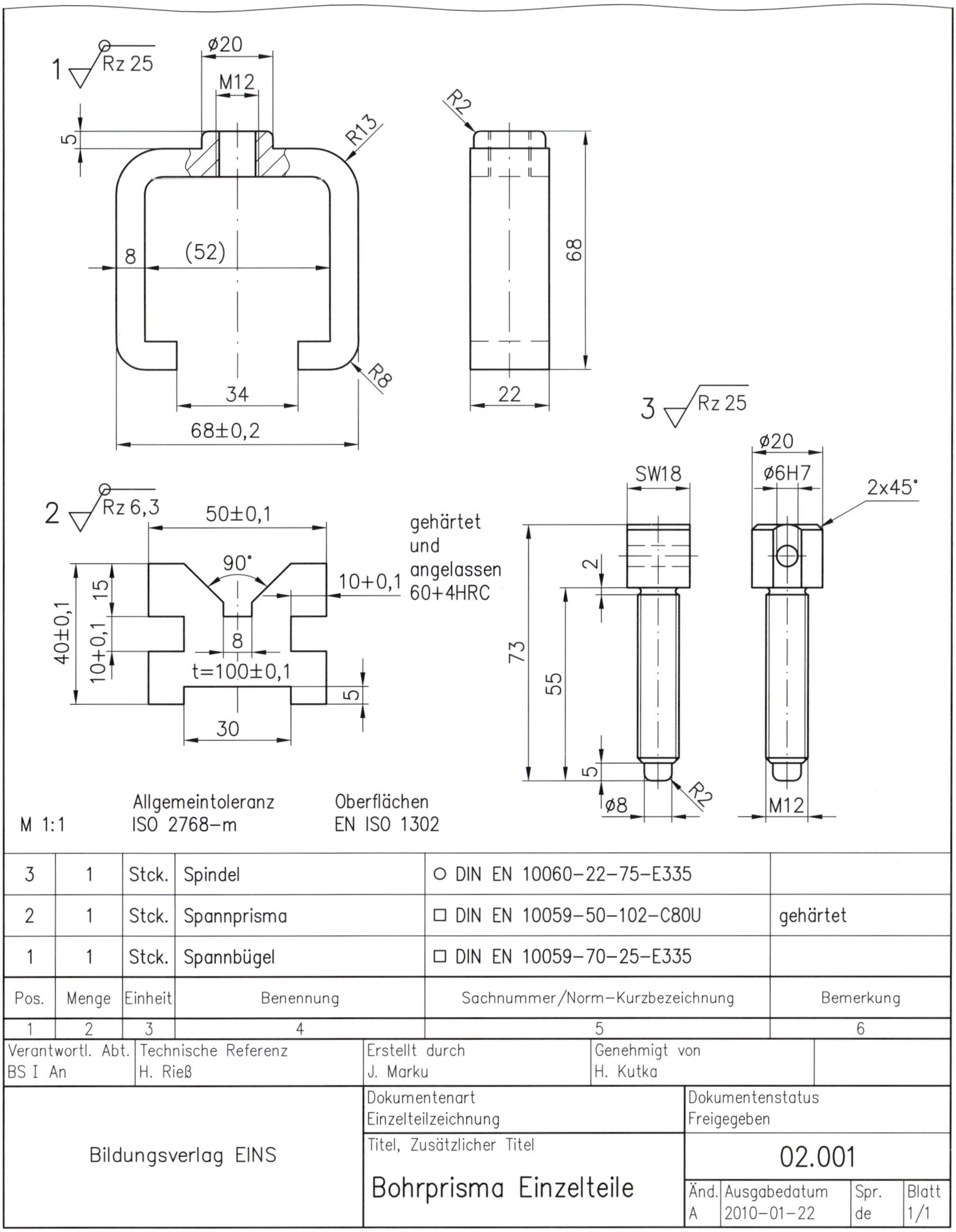

3	1	Stck.	Spindel	○ DIN EN 10060-22-75-E335	
2	1	Stck.	Spannprisma	□ DIN EN 10059-50-102-C80U	gehärtet
1	1	Stck.	Spannbügel	□ DIN EN 10059-70-25-E335	
Pos.	Menge	Einheit	Benennung	Sachnummer/Norm-Kurzbezeichnung	Bemerkung
1	2	3	4	5	6

Verantwortl. Abt.	Technische Referenz	Erstellt durch	Genehmigt von	
BS I An	H. Rieß	J. Marku	H. Kutka	

Bildungsverlag EINS	Dokumentenart Einzelteilzeichnung	Dokumentenstatus Freigegeben
	Titel, Zusätzlicher Titel Bohrprisma Einzelteile	02.001 Änd. A · Ausgabedatum 2010-01-22 · Spr. de · Blatt 1/1

Explosionszeichnung

Nach DIN 199 wird eine Explosionszeichnung als Anordnungsplan benannt. Die Bezeichnung „Explosionszeichnung" ist zwar nicht genormt, aber gebräuchlich.

Sie ist eine technische Zeichnung, eine besondere Art der Gruppen- oder Gesamtzeichnung. Die Explosionszeichnung zeigt Gegenstände

- räumlich zueinander,
- nicht unbedingt maßstäblich,
- nicht unbedingt in einer genormten perspektivischen Darstellung,
- mit Positionsnummern mit/ohne Benennung und mit/ohne Bestell- oder Sachnummern,
- nicht unbedingt in allen Details (z. B. Fasen, kleinen Radien),
- ohne verdeckte Kanten und meist ohne Mittelachsen,
- mit teilweise oder vollständig angedeuteten Gewinderillen,
- mit geradlinigen oder abgewinkelten Zusammenflusslinien.

Beispiel einer Explosionszeichnung

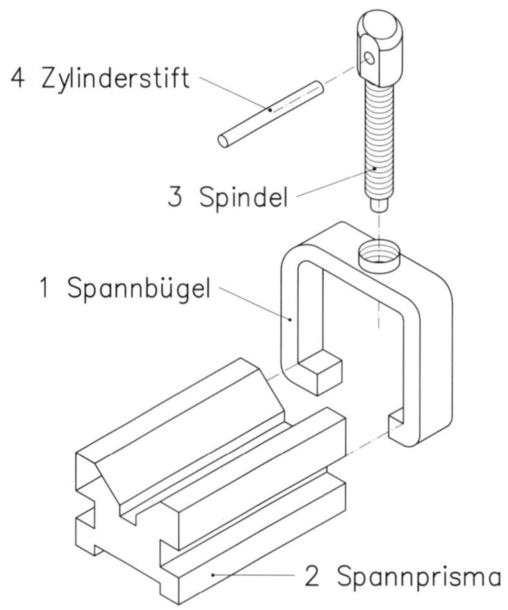

Anwendung von Explosionszeichnungen:
Montage und Demontage, Ersatzteilbeschaffung und Dokumentationen.

Explosionszeichnungen zeigen zwar das Fügen von Teilen, nicht aber unbedingt deren Reihenfolge. Hierzu sind spezielle Montageanleitungen erforderlich.
Werden die Gegenstände nur mit Positionsnummern gekennzeichnet, dann sind Stück- oder Ersatzteillisten der Zeichnung beizufügen. Die Ersatzteilliste enthält im Gegensatz zur Stückliste keine Stückzahlen, DIN-Bezeichnungen, Werkstoffe und Werkstoffabmessungen usw.

Muster einer Ersatzteilliste

Pos.	Benennung	Bestell-Nr.
1	Spannbügel	02.001.01
2	Spannprisma	02.001.02
3	Spindel	02.001.03
4	Zylinderstift	02.001 04

Explosionszeichnungen können besonders rationell durch computerunterstütztes Zeichnen (CAD) erstellt werden. Die Gegenstände können, nachdem sie in dreidimensionaler Form (3-D-Darstellung) in den Computer eingegeben und gespeichert worden sind, in jedem beliebigen Maßstab auf dem Bildschirm gezeigt, dort zueinander verschoben, evtl. gedreht und aus jeder genormten oder ungenormten Perspektive betrachtet werden. Die Darstellung auf dem Bildschirm kann auf Papier geplottet oder gedruckt werden.

1 Grundlegende Regeln und Normen

Zeichenmittel

Gute Zeichengeräte sind die Voraussetzung für exakte Zeichnungen. Hier eine Zusammenstellung der Arbeitsgeräte:

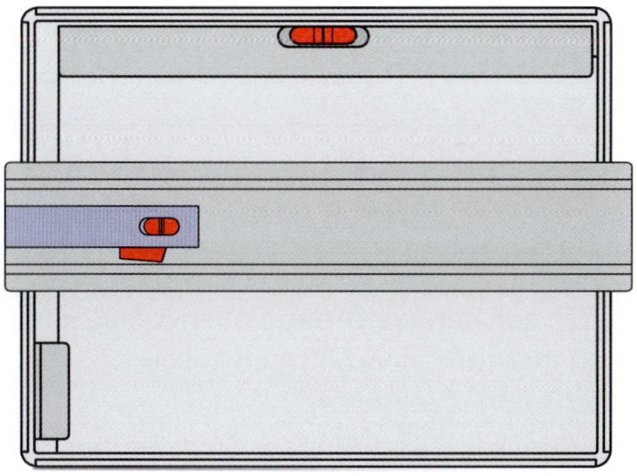

1. Zeichenbrett
   Größe DIN A4, mit Zeichenschiene

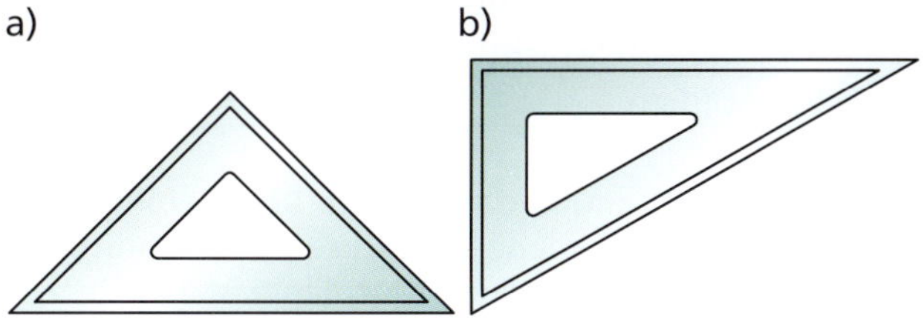

2. Zwei Zeichendreiecke
   a) 45° – 90° – 45°
   b) 60° – 90° – 30°

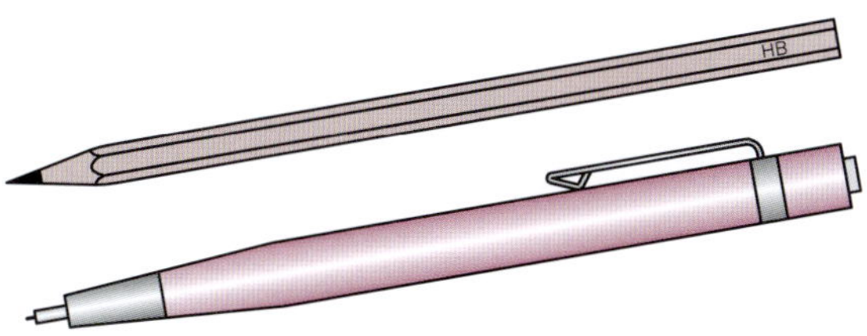

3. Bleistifte oder Feinminenstifte
   Härte 2 H und HB
   Zum Vorzeichnen wird der Zeichenstift mit der härteren Mine (2 H) verwendet.
   Zum Ausziehen, für Maßpfeile und Maßzahlen wird die weichere Mine (HB) verwendet.

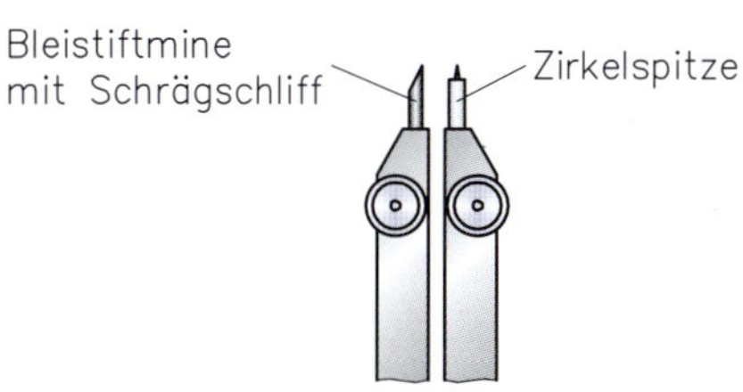

4. Zirkel
   mit Mine B

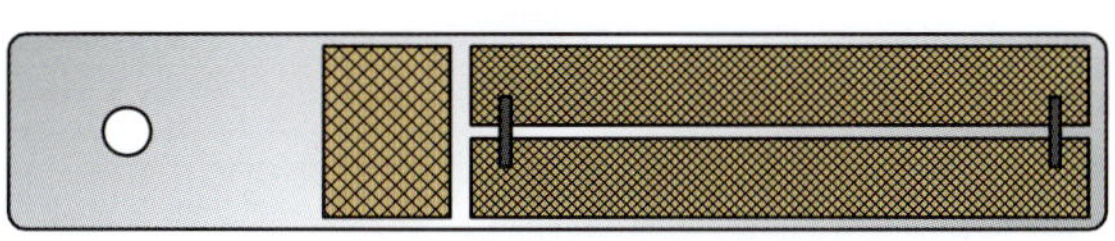

5. Schmirgelbrett
   zum Spitzen der Minen

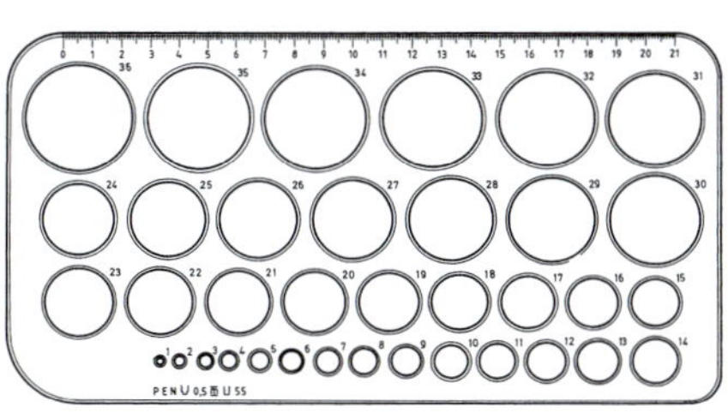

Außerdem sind zusätzlich erforderlich:
- Schablonen,
- Radiergummi,
- Bleistiftspitzer (geschlossenes Modell),
- Winkelmesser und
- Zeichenpapier.

Linienarten, Linienbreiten, Liniengruppen und Anwendung (DIN ISO 128-24)

	Linienarten	Breite für Liniengruppe		Anwendung	
Nr.	Benennung, Darstellung	0,5	0,7	Kenn-zahl	für
01.1	Volllinie, schmal	0,25	0,35	.1	Lichtkanten bei Durchdringungen
				.2	Maßlinien
				.3	Maßhilfslinien
				.4	Hinweis- und Bezugslinien
				.5	Schraffuren
				.6	Umrisse eingeklappter Schnitte
				.7	Kurze Mittellinien
				.8	Gewindegründe
				.9	Ursprungskreise und Maßlinienbegrenzungen
				.10	Diagonalkreuze zur Kennzeichnung ebener Flächen
				.11	Biegelinien an Roh- und bearbeiteten Teilen
				.12	Umrahmungen von Einzelheiten
				.13	Kennzeichnung sich wiederholender Einzelheiten
				.14	Zuordnungslinien an konischen Formelementen
				.15	Lagerichtung von Schichtungen
				.16	Projektionslinien
				.17	Rasterlinien
01.1	Freihandlinie, schmal			.18	Vorzugsweise manuell dargestellte Begrenzung von Teil- oder unterbrochenen Ansichten und Schnitten, wenn die Begrenzung keine Mittellinie ist
01.1	Zickzacklinie, schmal			.19	Vorzugsweise mit Zeichenautomaten dargestellte Begrenzung von Teil- oder unterbrochenen Ansichten und Schnitten, wenn die Begrenzung keine Mittellinie ist
01.2	Volllinie, breit	0,5	0,7	.1	Sichtbare Kanten
				.2	Sichtbare Umrisse
				.3	Gewindespitzen
				.4	Grenze der nutzbaren Gewindelänge
				.5	Hauptdarstellung in Diagrammen, Karten, Fließbildern
				.6	Systemlinien (Stahlbau)
				.7	Formteilungslinien in Ansichten
				.8	Schnittpfeillinien
02.1	Strichlinie, schmal	0,25	0,35	.1	Verdeckte Kanten
				.2	Verdeckte Umrisse
02.2	Strichlinie, breit	0,5	0,7	.1	Bereiche mit zulässiger Oberflächenbehandlung
04.1	Strich-Punktlinie (langer Strich), schmal	0,25	0,35	.1	Mittellinien
				.2	Symmetrielinien
				.3	Teilkreise bei Verzahnungen
				.4	Lochkreise
04.2	Strich-Punktlinie (langer Strich), breit	0,5	0,7	.1	Bereiche mit geforderter Oberflächenbehandlung
				.2	Kennzeichnungen von Schnittebenen
05.1	Strich-Zweipunktlinie (langer Strich), schmal	0,25	0,35	.1	Umrisse benachbarter Teile
				.2	Endstellungen beweglicher Teile
				.3	Schwerlinien
				.4	Umrisse vor der Formgebung
				.5	Teile vor der Schnittebene
				.6	Umrisse alternativer Ausführungen
				.7	Umrisse von Fertigteilen in Rohteilen
				.8	Umrahmungen besonderer Bereiche oder Felder
				.9	Projizierte Toleranzzone

Rangfolge, wenn sich zwei oder mehr Linien verschiedener Art überdecken:

a) sichtbare Kanten und Umrisse (Linienart 01.2.1 und 01.2.2)
b) verdeckte Kanten und Umrisse (Linienart 02.1.1 und 02.1.2)
c) Schnittebenen (Linienart 04.2.2)
d) Mittellinien (Linienart 04.1.1)
e) Schwerlinien (Linienart 05.1.3)
f) Maßhilfslinien (Linienart 01.1.3)

Anwendung der Liniengruppen: Für Blattgrößen A4 und A3 ist die Liniengruppe 0,5 zu bevorzugen.

Zeichenregeln für die wichtigsten Linienarten

Volllinien

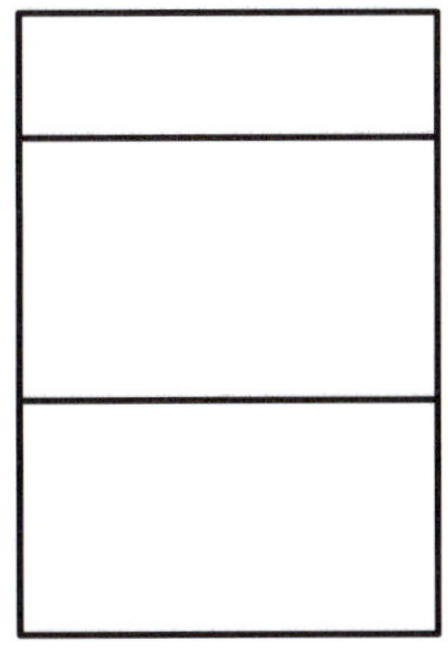

Volllinien (Körperkanten) laufen an Kanten und Stoßstellen zusammen und dürfen sich nicht überschneiden oder mit einer Lücke gekennzeichnet werden.

Strichpunktlinien

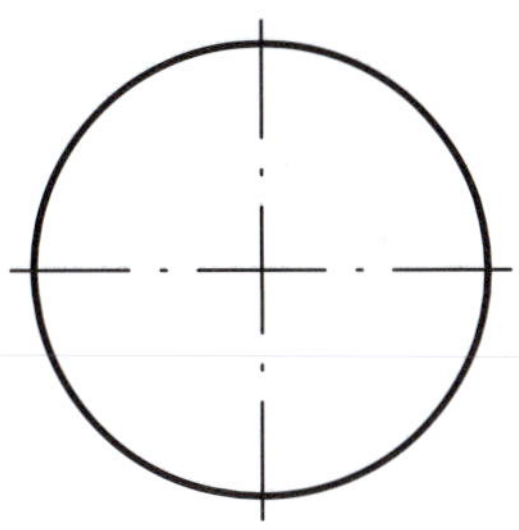

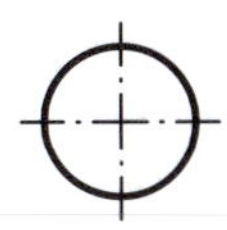

Die einzelnen Striche sind gleich lang und von der Länge der Mittellinie abhängig. Die Punkte liegen in kleinen Lücken und werden nicht betont. Mittellinien sind nur in den Strichen zu kreuzen und, wenn sie kurz sind, als Volllinien zu zeichnen. Sie werden nicht von einer Ansicht in eine andere durchgezogen.

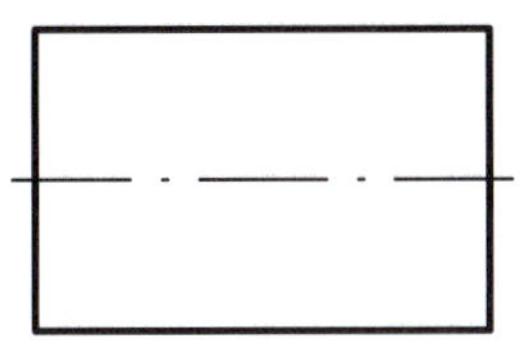

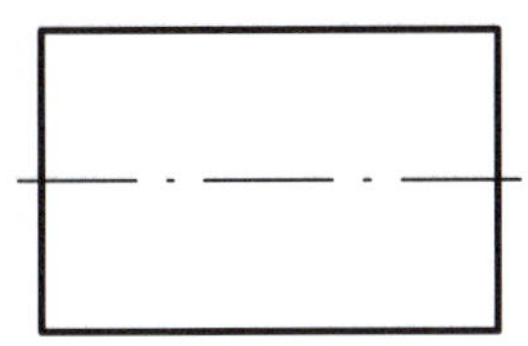

Strichlinien

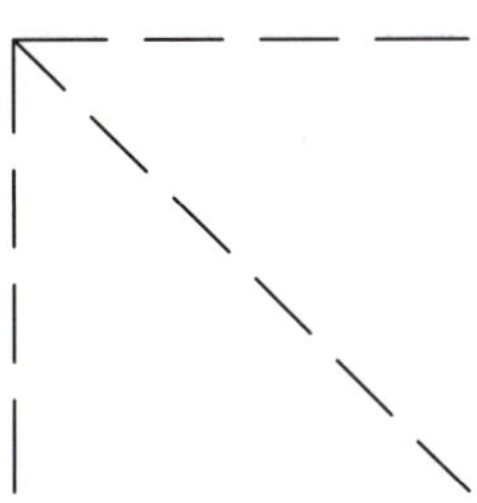

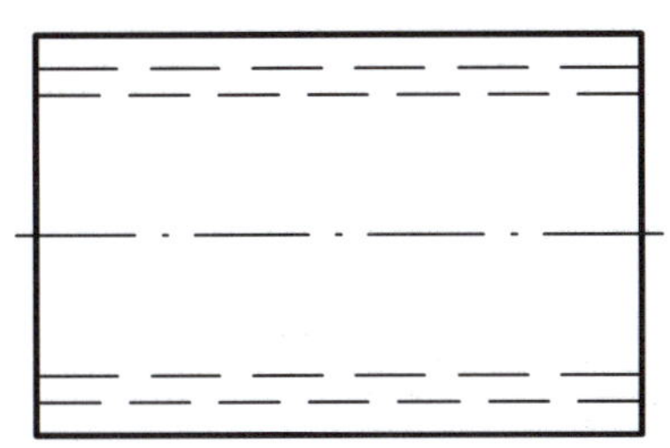

Die Länge der Striche untereinander ist gleich und von der Gesamtlänge der Linie abhängig. Strichlinien sollen mit Strichen beginnen und enden, in Verlängerung von Volllinien werden jedoch Lücken gelassen. Aneinanderstoßende Strichlinien bilden volle Ecken, benachbarte Linien werden versetzt gezeichnet.

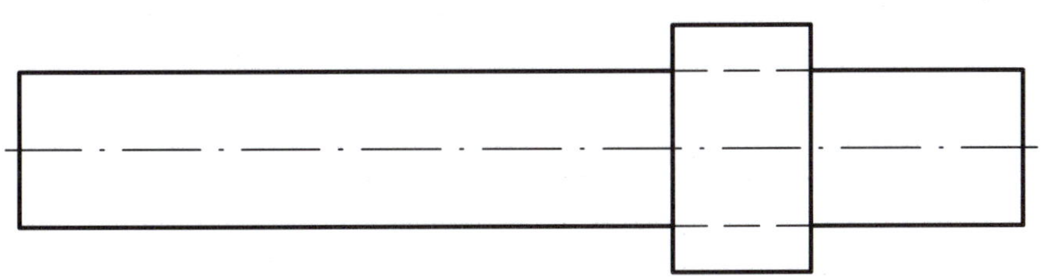

Maßstäbe (DIN EN ISO 5455)

Das Verhältnis eines gezeichneten Werkstückes zu seiner wahren Größe wird mit dem Zeichnungsmaßstab angegeben, die bisher übliche Abkürzung für das Wort Maßstab (M) entfällt.

Außer dem Maßstab 1: 1 für Darstellungen in natürlicher Größe sind noch folgende Maßstäbe genormt:
für Verkleinerungen 1:2: 1:5; 1:10; 1:20; 1:50; 1:100; 1:200; 1:500; 1:1000;
für Vergrößerungen 2:1; 5:1; 10:1; 20:1; 50:1.

Merke ■ Die in der Zeichnung angegebenen Maße entsprechen immer der wahren Größe des Werkstückes.

Maßzahlen für Abmessungen, die nicht maßstäblich gezeichnet sind, werden unterstrichen.

Beispiel
Ein gleich großes Blech ist in verschiedenen Maßstäben dargestellt.

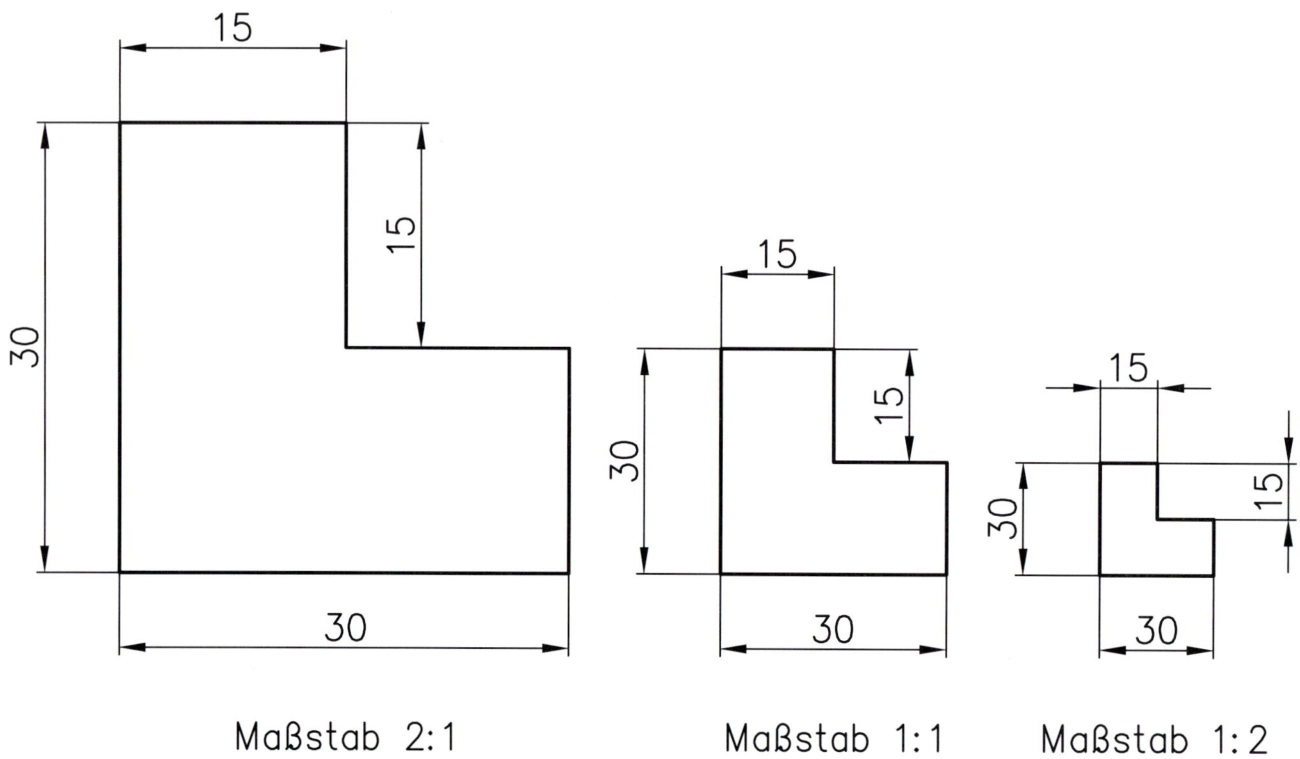

Vergrößerungsmaßstab *Natürlicher Maßstab* *Verkleinerungsmaßstab*

Blattgrößen (DIN EN ISO 216)

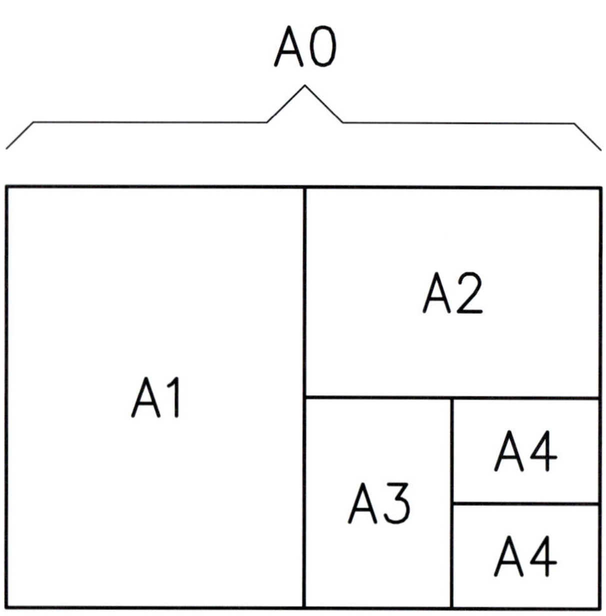

Die Blattgrößen sind nach DIN EN ISO 216 genormt.

Das Ausgangsformat ist ein Rechteck von 1 m^2 Flächeninhalt. Es trägt die Bezeichnung A0. Die Seitenlängen verhalten sich wie $1:\sqrt{2}$.

Durch Halbieren der langen Seite des Formates DIN A0 bekommt man das nächst kleinere Format DIN A1. Wird die lange Seite des Formates DIN A1 halbiert, entsteht das Format DIN A2 usw.

A0 = 841 x 1 189
A1 = 594 x 841
A2 = 420 x 594
A3 = 297 x 420
A4 = 210 x 297

Normschrift nach DIN EN ISO 3098-0 und 3098-2

Als wesentliche Merkmale für die Beschriftung technischer Zeichnungen gelten nach DIN EN ISO 3098-0 – Lesbarkeit, – Einheitlichkeit, – Eignung für die Mikroverfilmung.

Diesen Anforderungen entspricht die Normschrift nach DIN EN ISO 3098-2. Die **Schriftform B** mit einer Linienbreite *d* = 1/10 der Schriftgröße ist zu bevorzugen. Sie kann gerade (vertikal) oder unter einem Winkel von 15° nach rechts geneigt (schräg) geschrieben werden. Zum Schreiben verwendet man einen weichen, kugelig gespitzten Bleistift (HB-Stift).

Für die Beschriftung von technischen Zeichnungen ist die gerade Normschrift zu bevorzugen.

Schriftform B, V (vertikal)

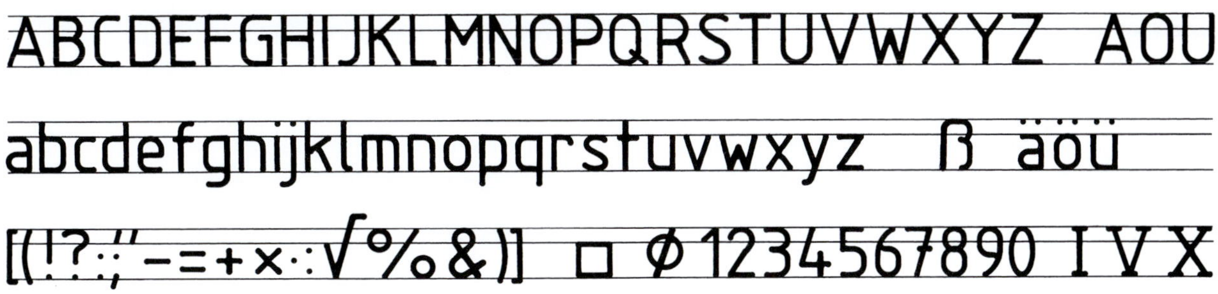

Schriftform B, S (schräg)

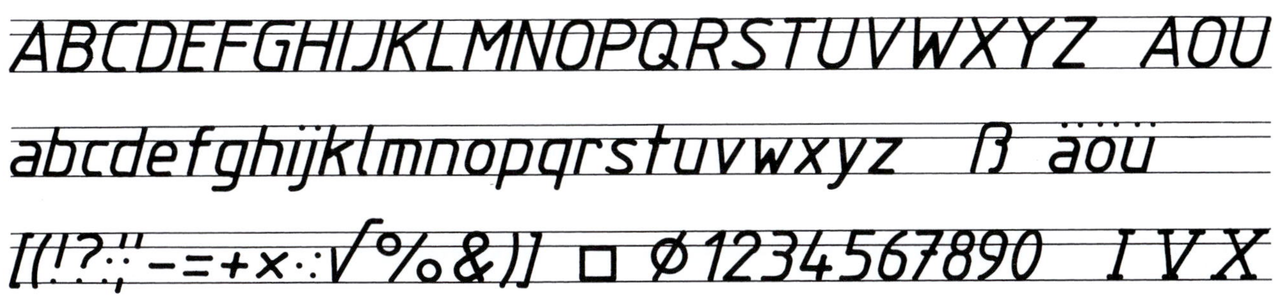

Abmessungen der Normschrift

Beschriftungsmerkmal	Verhältnis
Schriftgröße Höhe der Großbuchstaben . . . . *h* Höhe der Kleinbuchstaben . . . . *c* (ohne Ober- oder Unterlängen)	 (10/10) *h* (7/10) *h*
Mindestabstand zwischen Schriftzeichen . . *a* Mindestabstand zwischen Grundlinien . . . . *b* Mindestabstand zwischen Wörtern . . . . *e*	(2/10) *h* (16/10) *h* (6/10) *h*
Linienbreite . . . . *d*	(1/10) *h*

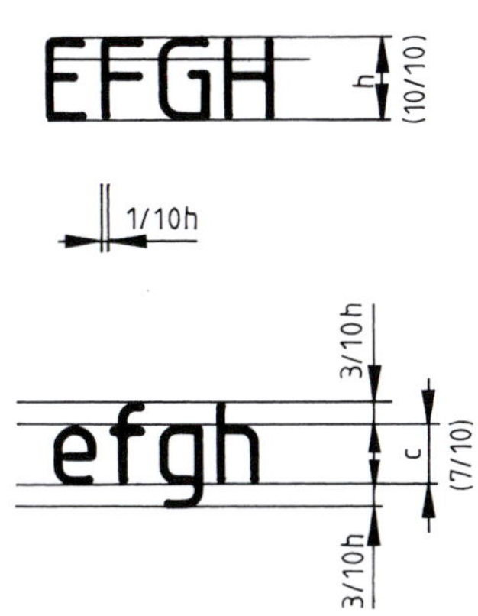

Die Schrifthöhen *h* (Großbuchstaben) und *c* (Kleinbuchstaben) sollen nicht kleiner als 2,5 mm sein. Im Normalfall, bei gleichzeitigem Gebrauch von Zahlen, Groß- und Kleinbuchstaben, beträgt dann die Nenngröße *h* mindestens 3,5 mm.

Nenngrößenreihe: 1,8 – 2,5 – 3,5 – 5 – 7 – 10 – …

2 Geometrische Grundkonstruktionen

Senkrechte, Mittelsenkrechte, Lot und Parallele

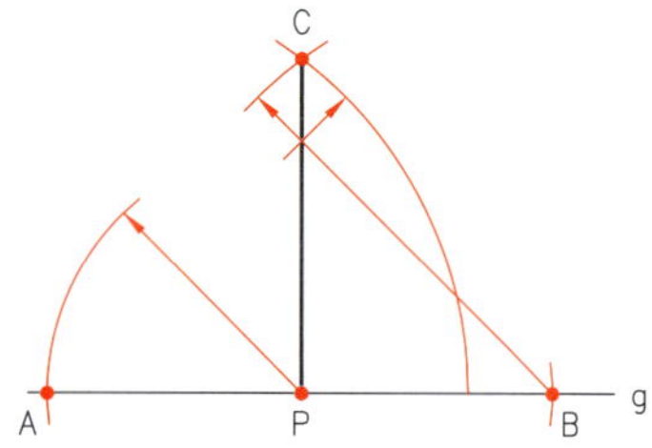

In einem Punkt P einer Geraden g die Senkrechte errichten.
1. Beliebiger Kreisbogen um P schneidet die Gerade G in A und B.
2. Kreisbogen um A und B ergibt C.
3. Verbindung C mit P ergibt die Senkrechte.

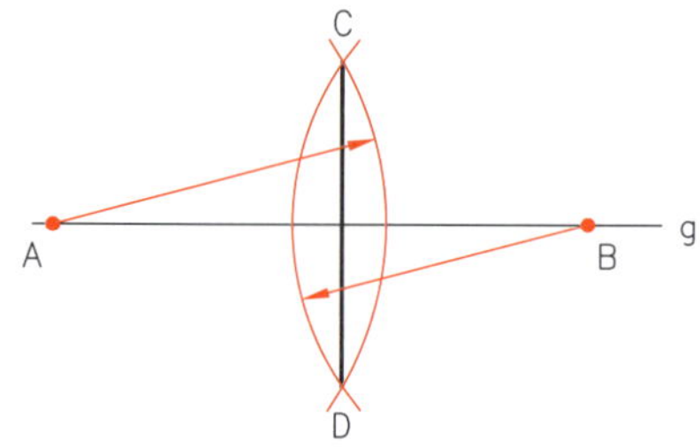

Eine Mittelsenkrechte (Streckenhalbierung) errichten.
1. Kreisbogen um A und B (Zirkelöffnung jedoch > 1/2 AB) ergibt die Schnittpunkte C und D.
2. Die Verbindungslinie C-D ist die gesuchte Mittelsenkrechte.

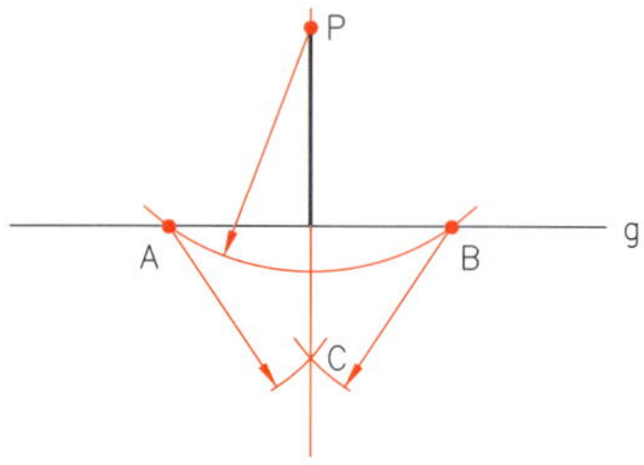

Das Lot vom Punkt P auf die Gerade g fällen.
1. Beliebiger Kreisbogen um P schneidet die Gerade g in A und B.
2. Gleiche Kreisbogen um A und B ergeben Schnittpunkt C.
3. Verbindungslinie P-C ist das Lot auf die Gerade g.

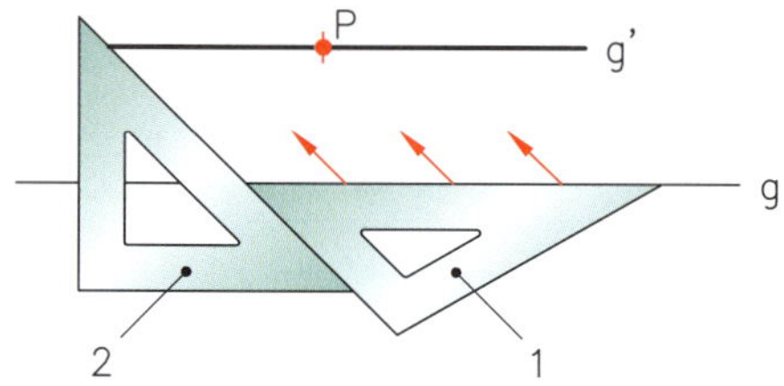

Eine Parallele konstruieren.
1. Zeichendreieck 1 an Gerade g anlegen.
2. Zeichendreieck 2 an Zeichendreieck 1 anlegen.
3. Zeichendreieck 1 bis Punkt P verschieben und gesuchte Parallele g ziehen.

Winkelteilung, Winkelübertragung, Streckenteilung

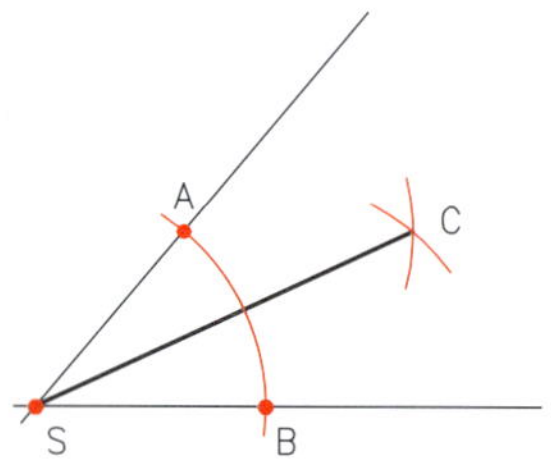

Einen Winkel halbieren.
1. Beliebiger Kreisbogen um Scheitel S schneidet die Schenkel A und B.
2. Gleicher Kreisbogen um A und B ergibt Schnittpunkt C.
3. Verbindung S-C ergibt die Winkelhalbierende.

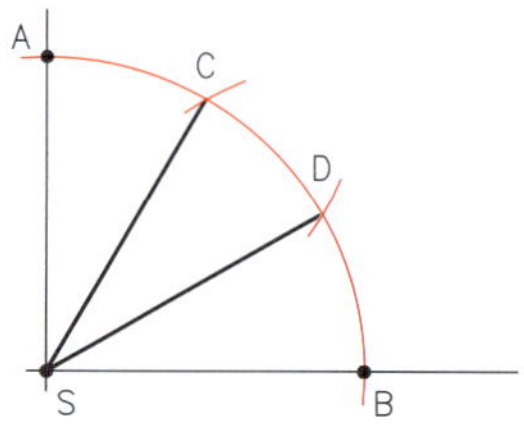

Einen Winkel in drei gleiche Teile teilen.
1. Beliebiger Kreisbogen um Scheitel S schneidet die Schenkel in A und B.
2. Mit gleichem Radius um A und B je einmal den Kreisbogen schneiden.
3. Verbindung der Schnittpunkte S-C und S-D sind die Teilenden.

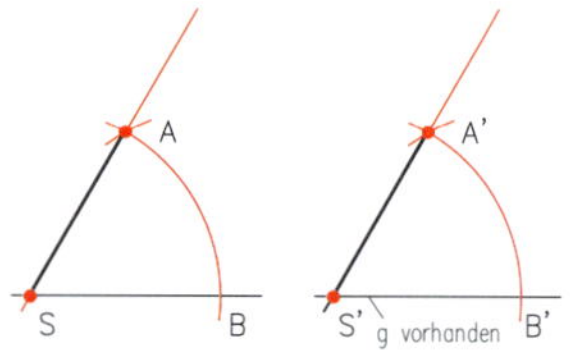

Einen Winkel übertragen.
1. Beliebiger Kreisbogen um Scheitel S schneidet die Schenkel der Winkel in A und B.
2. Gleicher Kreisbogen um S ergibt B.
3. Kreisbogen um B mit Radius A-B ergibt Schnittpunkt A.
4. Schnittpunkt A' mit S' verbunden ergibt den gewünschten Winkel.

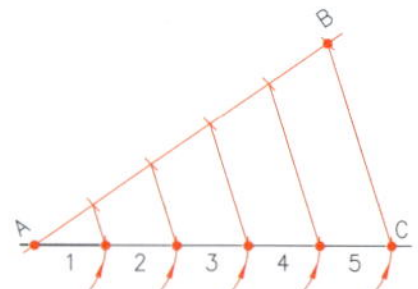

Eine Strecke in gleiche Teilstrecken unterteilen (z. B. fünf gleiche Teile).
1. Von A aus Strahl unter einem beliebigen Winkel zu A-B ziehen.
2. Auf dem Strahl von A aus 5 gleiche Teilstrecken nacheinander abtragen.
3. Letzten Teilpunkt C mit B verbinden.
4. Parallelen zu C–B ergeben die gewünschte Teilung in A–B.

Anschlussbogen

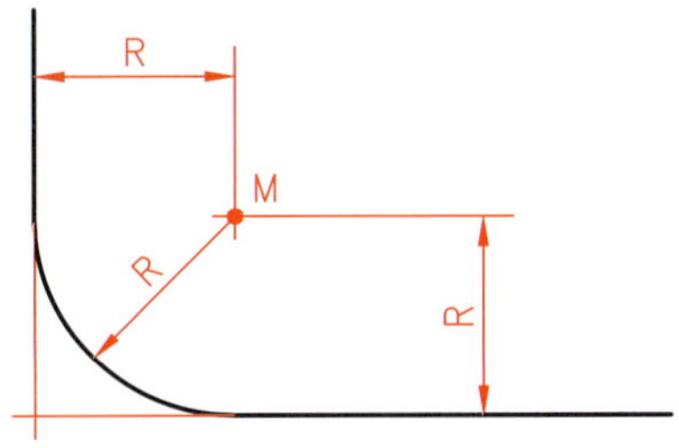

Die Schenkel eines rechten Winkels mit Radius R verbinden.

1. Innerhalb des Winkels Parallelen im Abstand R zu den beiden Schenkeln ziehen.
2. Der Schnittpunkt M ist Mittelpunkt des Abrundungshalbmessers.

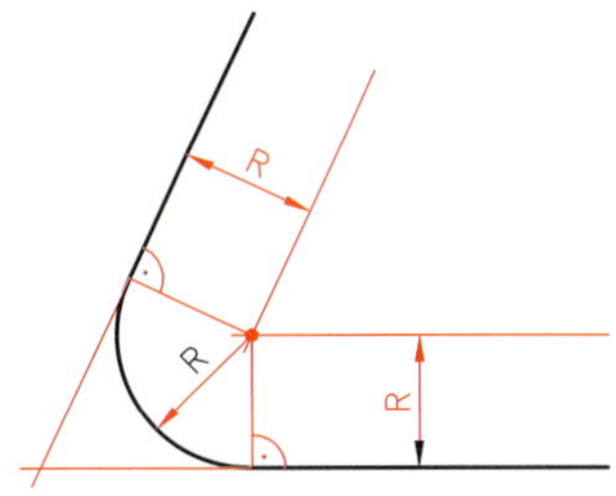

Verbinden zweier Geraden durch einen Kreisbogen mit Radius R.

1. Im Abstand des gebogenen Halbmessers R zu den beiden Schenkeln Parallelen ziehen.
2. Der Schnittpunkt M ist Mittelpunkt des Anschlussbogens.

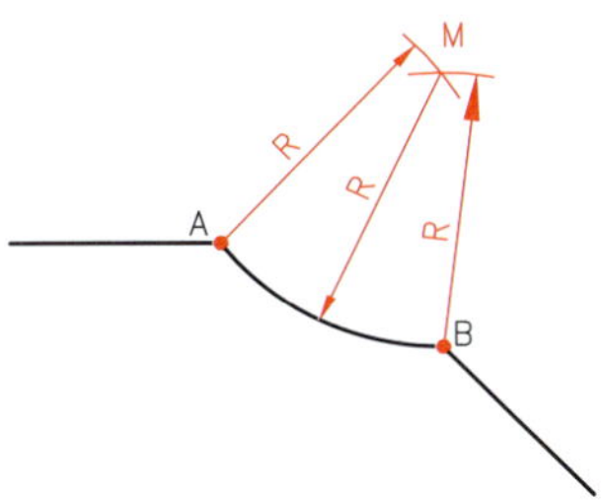

Verbinden zweier Punkte durch einen Kreisbogen mit Radius R.

1. Um die Punkte A–B mit gegebenem Halbmesser Kreisbogen schlagen.
2. Der Schnittpunkt M ist wieder Mittelpunkt des Anschlussbogens.

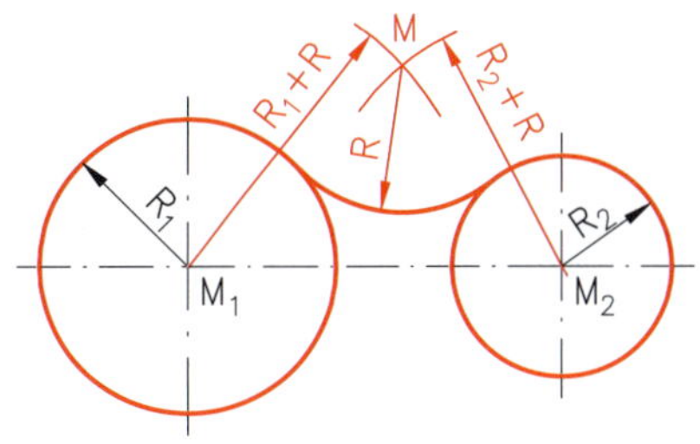

Verbinden zweier Kreise durch einen Kreisbogen mit Radius R.

1. Kreisbogen um M_1 mit dem Halbmesser $R_1 + R$ und Kreisbogen um M_2 mit dem Halbmesser $R_2 + R$ ergeben den Schnittpunkt M, den Mittelpunkt des Anschlussbogens.

Sechseck, Zwölfeck, Ellipse

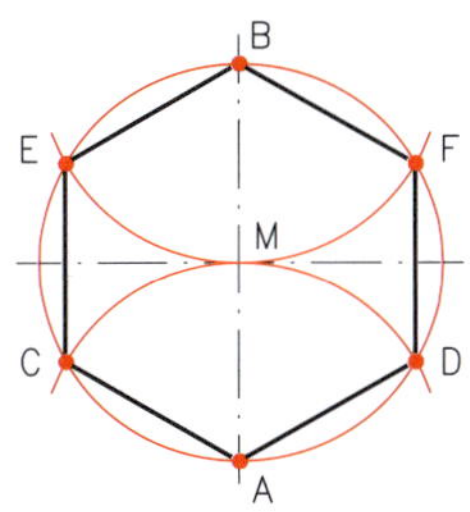

Ein regelmäßiges Sechseck in einen Kreis zeichnen.

1. Kreisbogen mit Radius A–M und A und B ergibt die Schnittpunkte C, D, E und F.
2. Schnittpunkte verbinden.
   Das regelmäßige Sechseck lässt sich auch mithilfe des 60°-Winkels konstruieren.

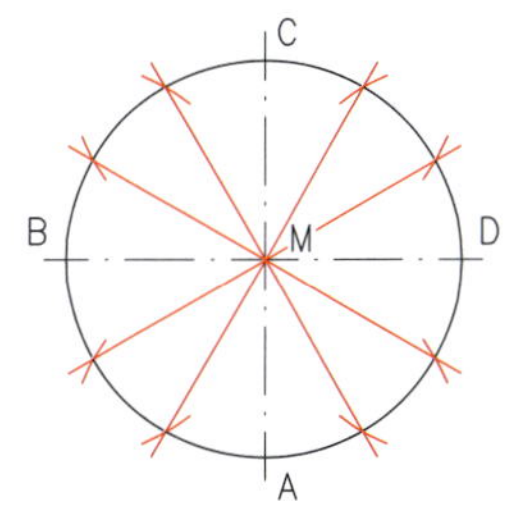

Den Kreisumfang in 12 gleiche Teile teilen.

1. Kreisbogen mit Radius A–M um die Punkte A, B, C und D auf dem Kreisumfang abtragen.
2. Schnittpunkte verbinden.
   Das regelmäßige Zwölfeck lässt sich auch mithilfe des 30°-/60°-/90°-Dreiecks konstruieren.

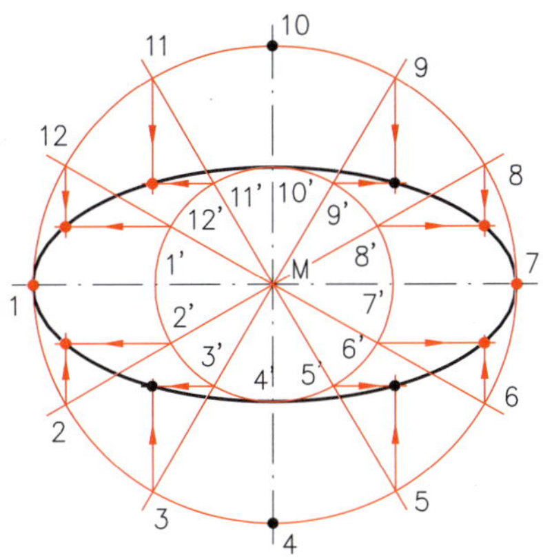

Ellipsenkonstruktion

1. Beschreiben Sie um M Hilfskreise, deren Durchmesser der kleinen und großen Ellipsenachse entsprechen.
2. Teilen Sie den Kreis in 12 gleiche Teile.
3. Von den Schnittpunkten des großen Kreises sind senkrechte Linien, von den Schnittpunkten des kleinen Kreises sind waagerechte Linien zu ziehen.
4. Die Schnittpunkte der Linien sind die gesuchten Kurvenpunkte.

3 Flache Werkstücke mit Bearbeitungsformen

Flächige Werkstücke sind überall gleichmäßig dick. Sie werden deshalb in nur einer Ansicht dargestellt.

Die technische Zeichnung zeigt das Werkstück in seinen Umrissen (breite Volllinien, z. B. Linienbreite 0,5).

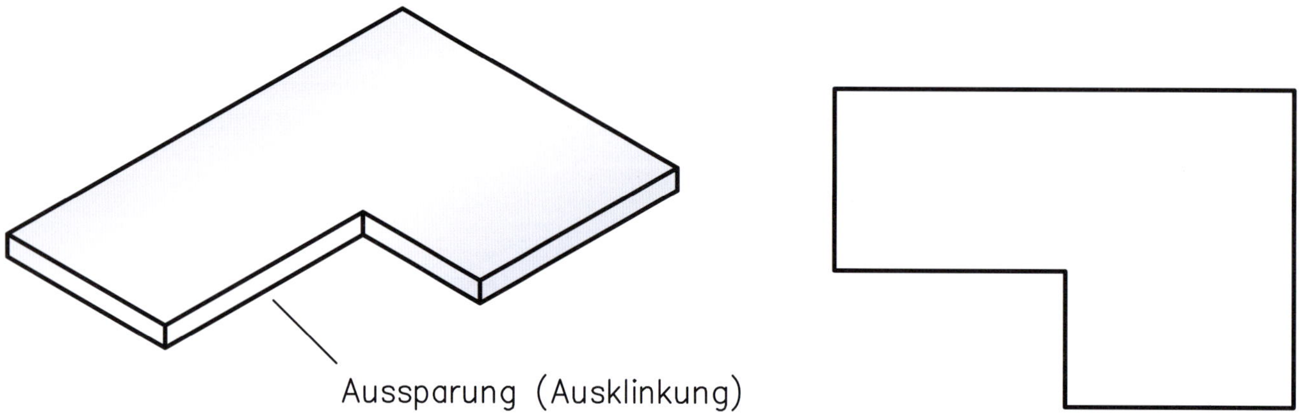

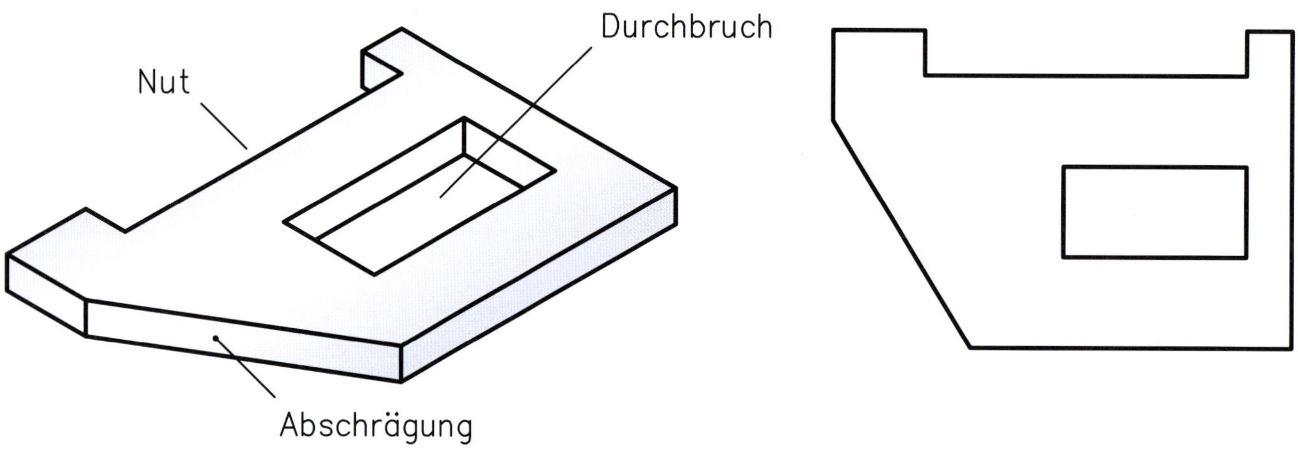

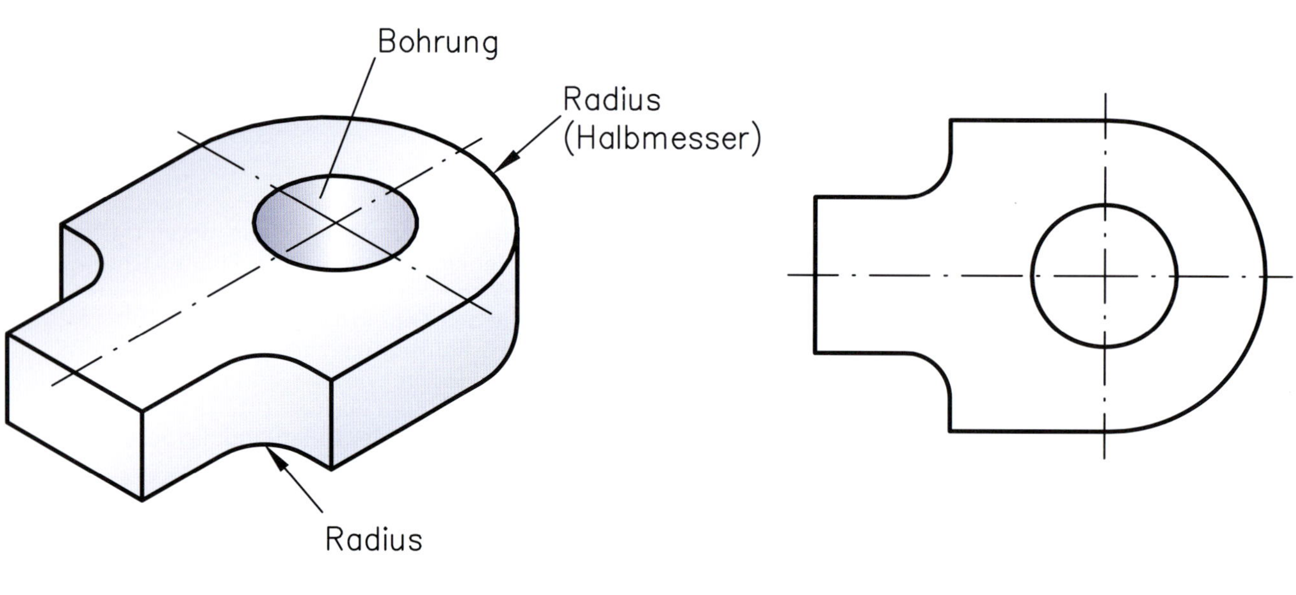

Maßeintragung in Zeichnungen (DIN 406-11)

Um die Größe des Werkstückes festzulegen, müssen Länge, Breite und Dicke in die Zeichnung eingetragen werden.

Mithilfe von Maßhilfslinien, Maßlinien, der Maßlinienbegrenzung und Maßzahlen wird dies vorgenommen.

Maßhilfslinien

(schmale Volllinien, Linienbreite 0,35)

beginnen an den Körperkanten des Werkstückes, sind etwa 12 mm lang und stehen etwa 2 mm über die dazugehörende Maßlinie hinaus.

Maßlinien

(schmale Volllinien, Linienbreite 0,35)

liegen in übersichtlichem Abstand (etwa 10 mm) parallel zur Körperkante. Parallele Maßlinien sollen voneinander einen Abstand von etwa 7 mm haben.

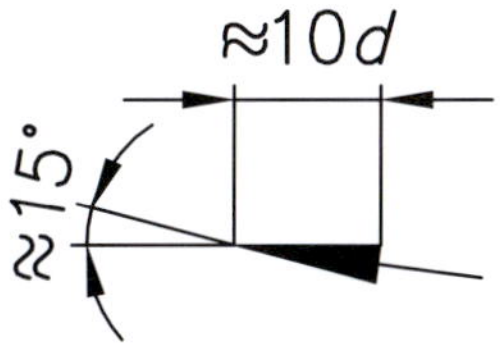

d = Breite der schmalen Volllinie

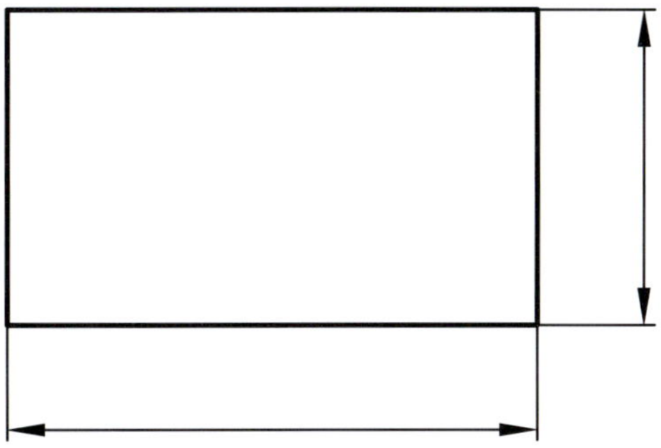

Maßlinienbegrenzung

Die Enden der Maßlinien werden durch Maßpfeile begrenzt. Sie berühren die Maßhilfslinien oder Körperkanten. Die Maßpfeile können von außen wie auch von innen an die Maßlinie herangeführt sein.

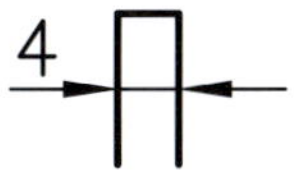

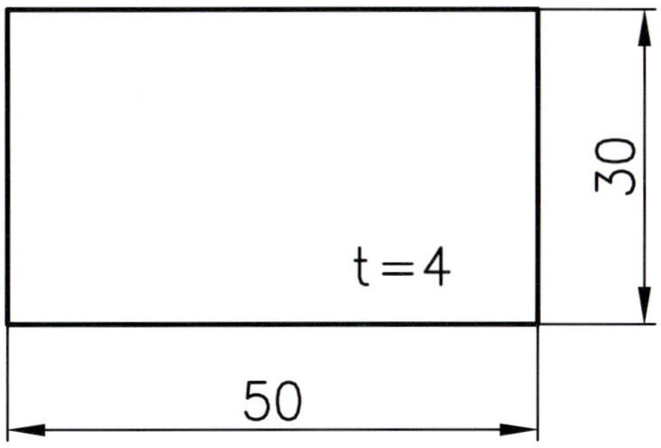

Maßzahlen

geben die Abmessungen in mm an. Sie sollen oberhalb der Maßlinie und von unten oder von rechts lesbar sein.

Die Maßzahlen sind in Normschrift einzutragen.

Die Größe beträgt für diesen Zeichenlehrgang 3,5 mm (siehe Seite 13 und 16).

Wird das Werkstück in nur einer Ansicht dargestellt, so ist die Angabe der Dicke (engl. thick = t) in der Fläche mit z. B. $t = 4$ erforderlich.

Merke: ■ Jedes Maß nur einmal angeben.

Bemaßung von Werkstücken mit Nut und Durchbruch

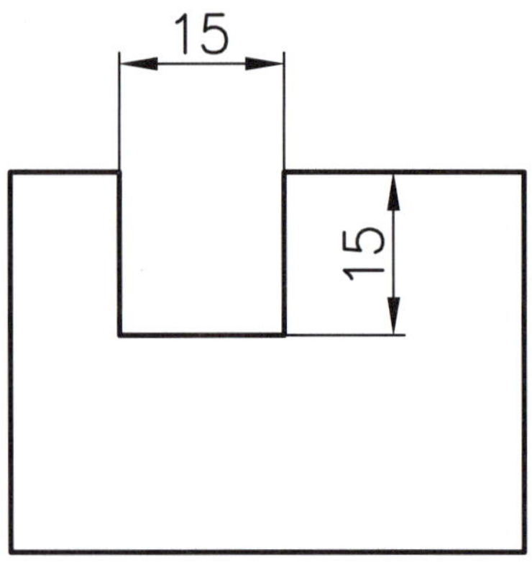

Als erstes wird die Größe der Nut bestimmt.

Diese Maße sind **Formmaße**.

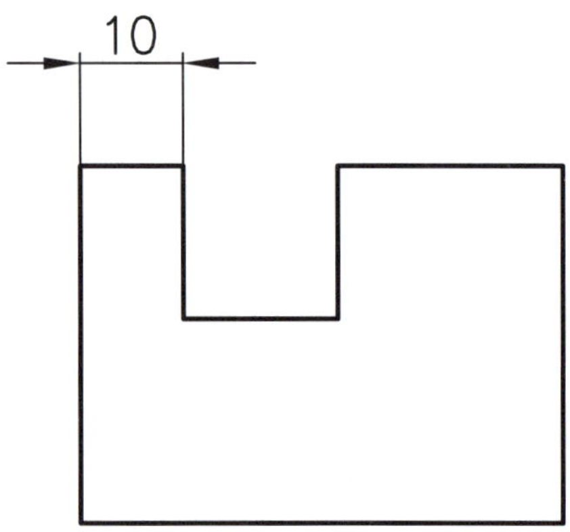

Es fehlt ein Maß, um die Lage der Nut zu bestimmen:

ein **Lagemaß**.

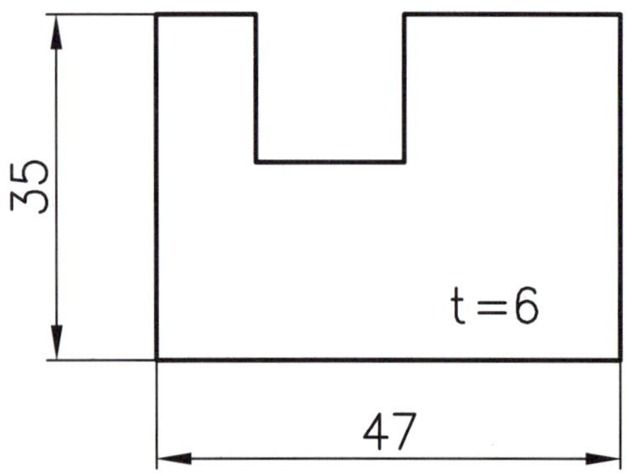

Zum Schluss wird das Werkstück mit Maßen für Länge, Breite und Dicke versehen.

Diese Maße sind **Grundmaße**.

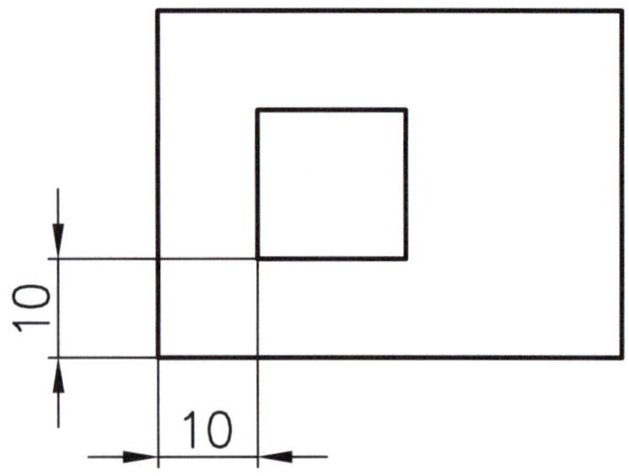

Ist die Lage eines Durchbruches zu bestimmen, so sind zwei Lagemaße notwendig.

Beispiele der Maßeintragung in Zeichnungen

Bemaßen Sie übersichtlich.

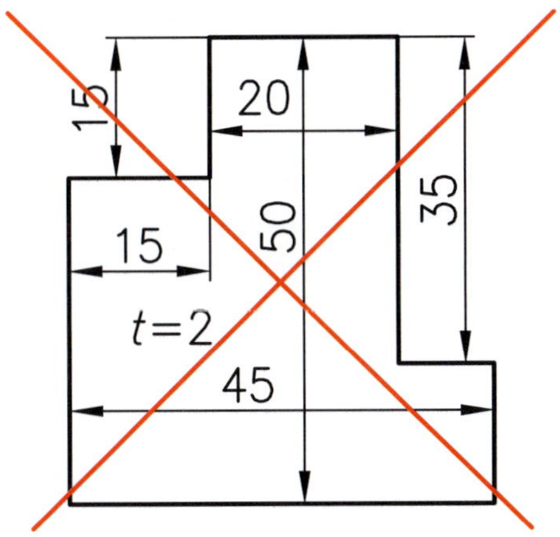

falsch

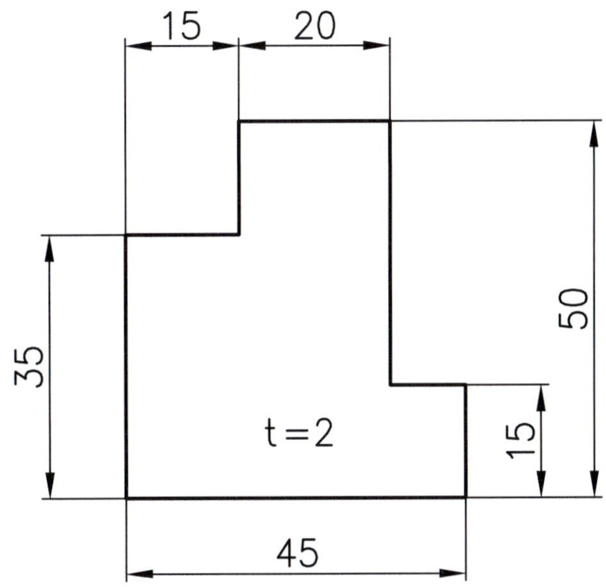

richtig

Maßhilfslinien sollen Maßlinien möglichst nicht schneiden. Parallele Maßlinien sind voneinander im Abstand von etwa 7 mm einzutragen.

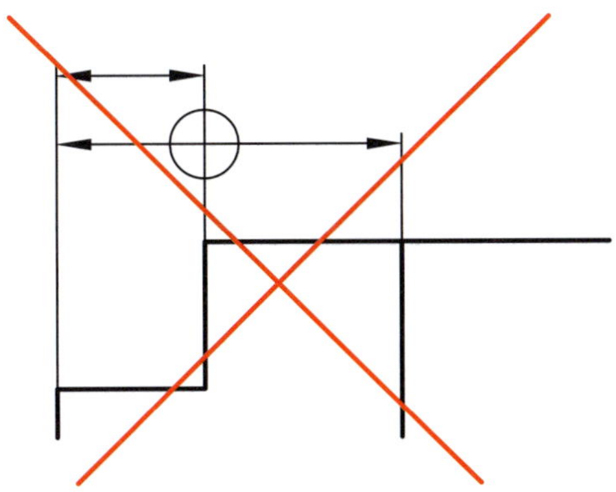

falsch

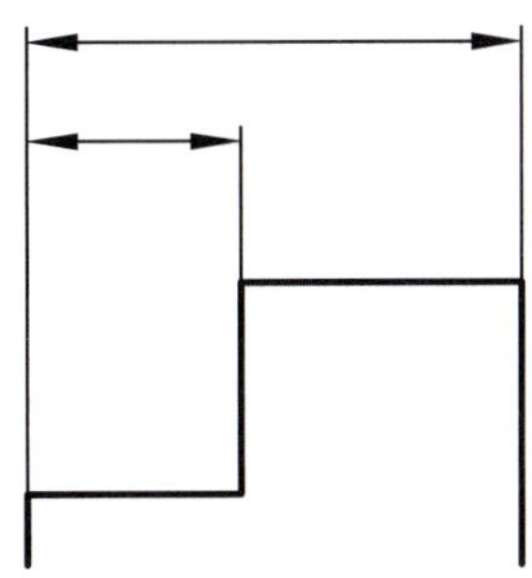

richtig

Bei Anordnung von zwei nebeneinander liegenden Maßen und vorhandenem Platzmangel kann ein Punkt Maßpfeile ersetzen.

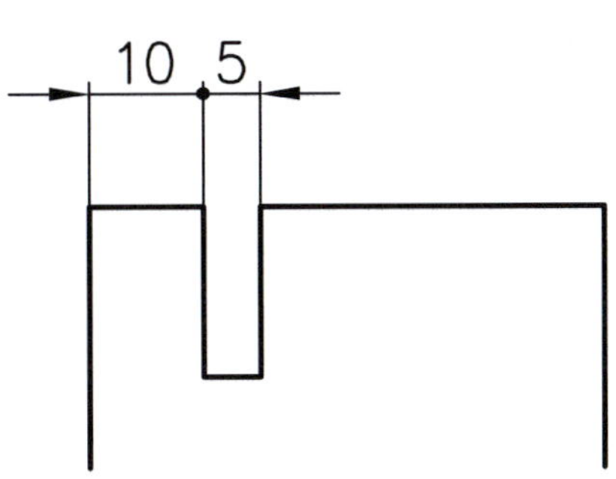

Überbemaßung durch geschlossene Maßketten ist zu vermeiden.

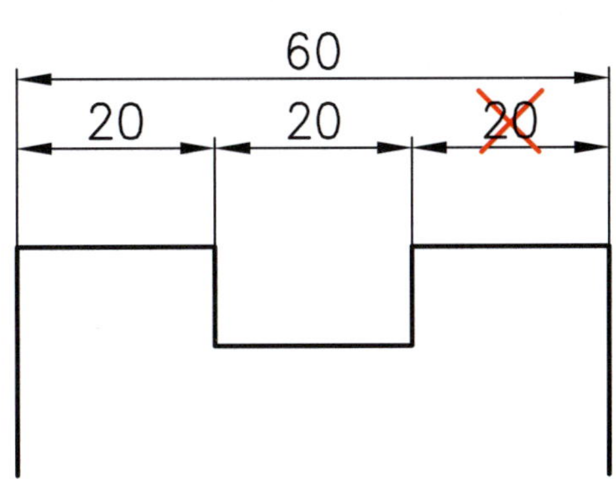

Die Bezugsebene

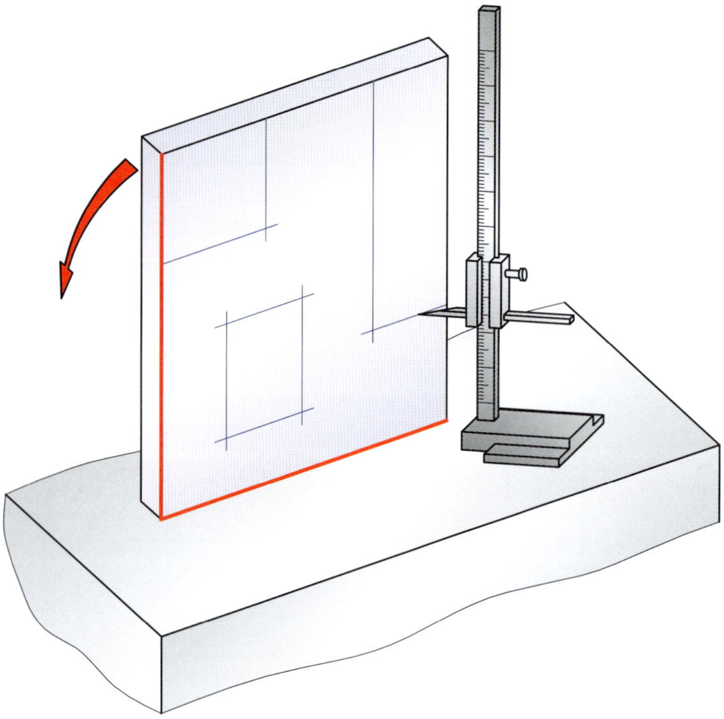

Soll die Bemaßung eines Werkstückes z. B. dem Anreißen angepasst werden, ist es vorteilhaft, von Maßbezugsebenen auszugehen.

Merke ■

Es sind in der Regel zwei Bezugskanten zu bestimmen:
eine waagerechte Maßbezugskante für alle senkrechten Maße und eine senkrechte Maßbezugskante für alle waagerechten Maße.
Als Bezugskanten nimmt man, soweit die Aufgabenstellung nichts anderes vorsieht, die längsten Werkstückkanten.

Werkstück von Bezugskanten aus bemaßt:

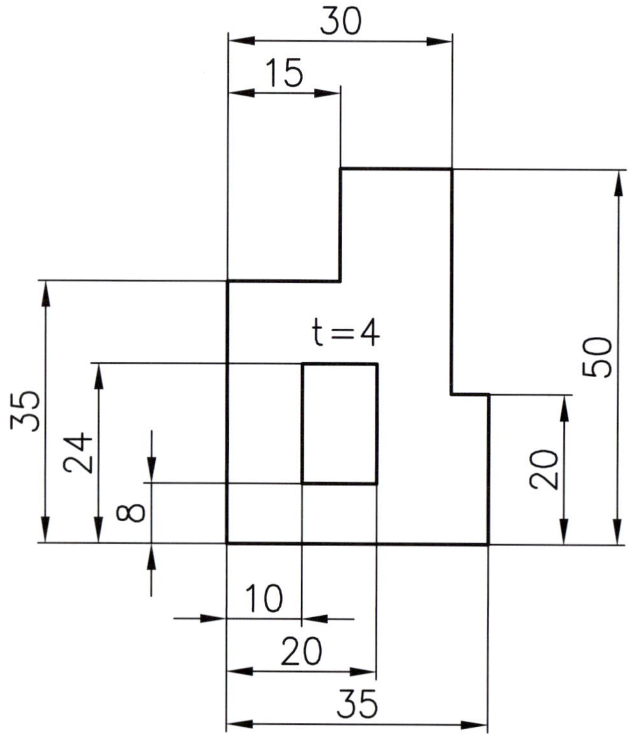

Die Bemaßung ohne Werkstückkanten verdeutlicht das Prinzip der Maßeintragung von Bezugskanten aus.

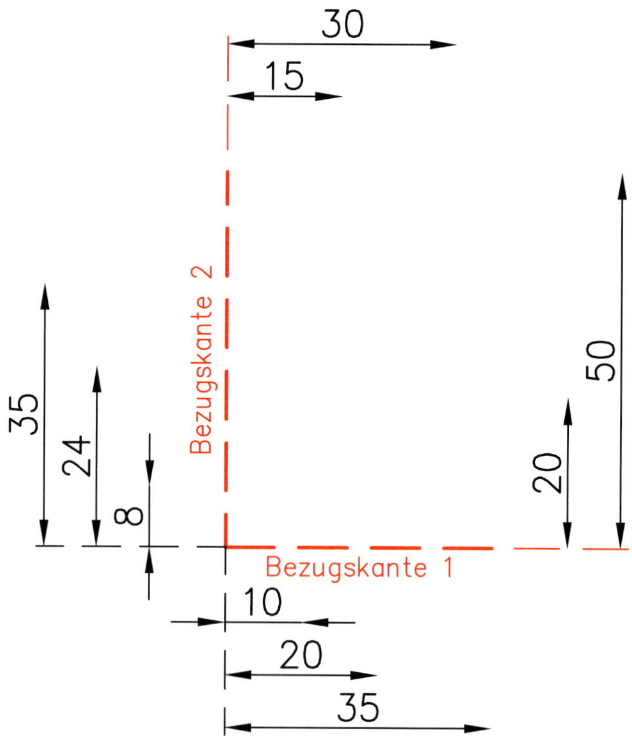

Symmetrieachse als Maßbezugslinie

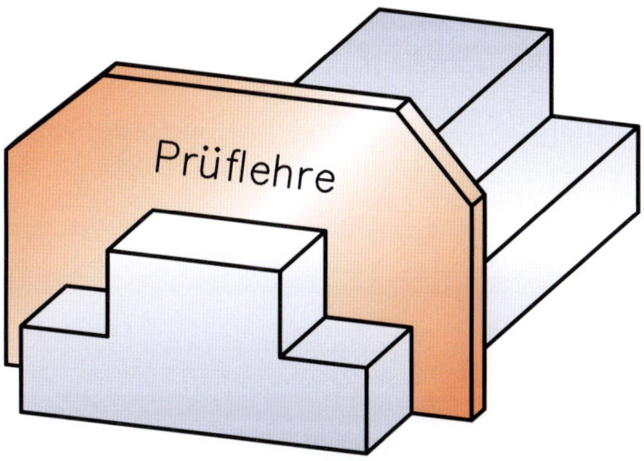

Mit dieser Prüflehre lässt sich sowohl die Breite als auch die **Mittenlage** der Führung kontrollieren.

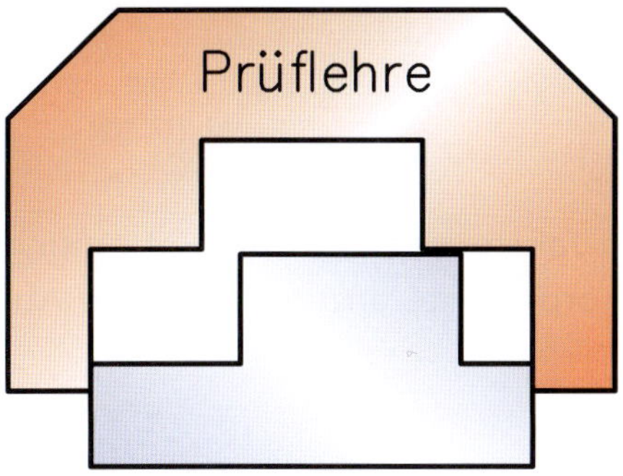

Ist die Führung **außer Mitte**, so lässt sich die Lehre nicht aufschieben.

Das Werkstück ist Ausschuss!

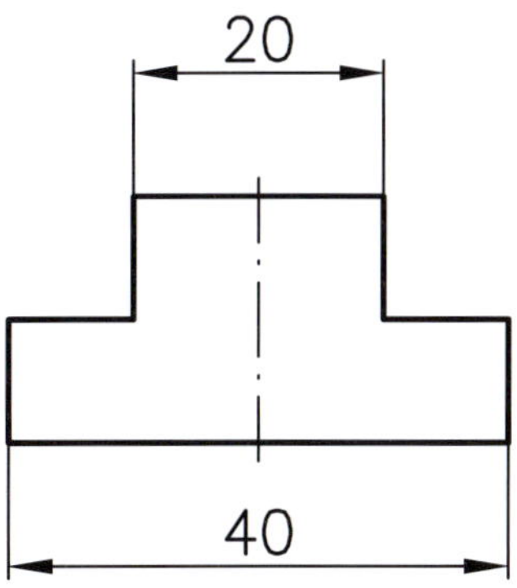

Werkstücke, die **auf Mitte** angelegt sind, werden durch eine Mittellinie gekennzeichnet.
Dadurch wird auch ausgedrückt, dass beide Hälften spiegelbildlich (deckungsgleich) sind.
In der Fachsprache sagt man: Das Werkstück ist symmetrisch.

Die Mittellinie ist eine schmale Strichpunktlinie und ragt 2–3 mm über die Körperkante hinaus.
Die waagerechten Maße werden über Mitte eingetragen.

Man spricht:
Die Mittellinie ist Maßbezugslinie.

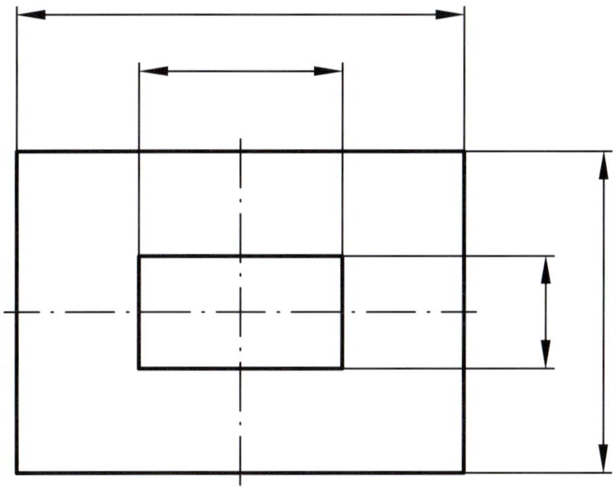

Bei waagerechter und senkrechter Symmetrie wird ein Mittellinienkreuz gezeichnet.
Die Lage des Durchbruchs ist damit genau festgelegt. Es sind also nur noch Länge und Breite einzutragen.

Beim Skizzieren und Zeichnen wird die Mittellinie zuerst gezeichnet.

Beispiele zur Bemaßung symmetrischer Werkstücke

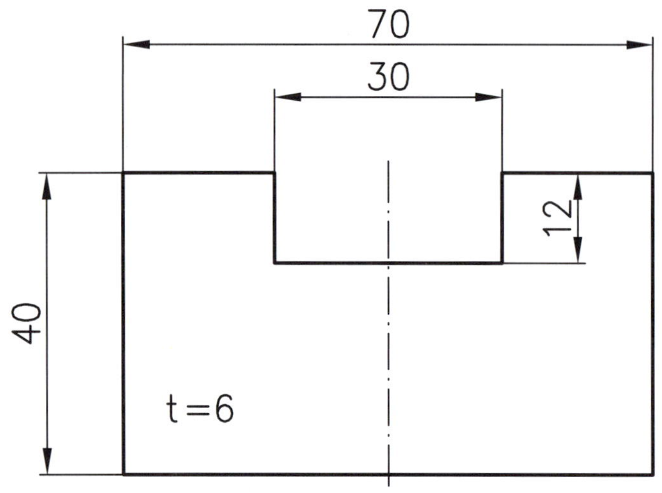

Durch die Symmetrieachse ist z.B. die Lage der Nut festgelegt.

Ein Lagemaß ist deshalb nicht erforderlich.

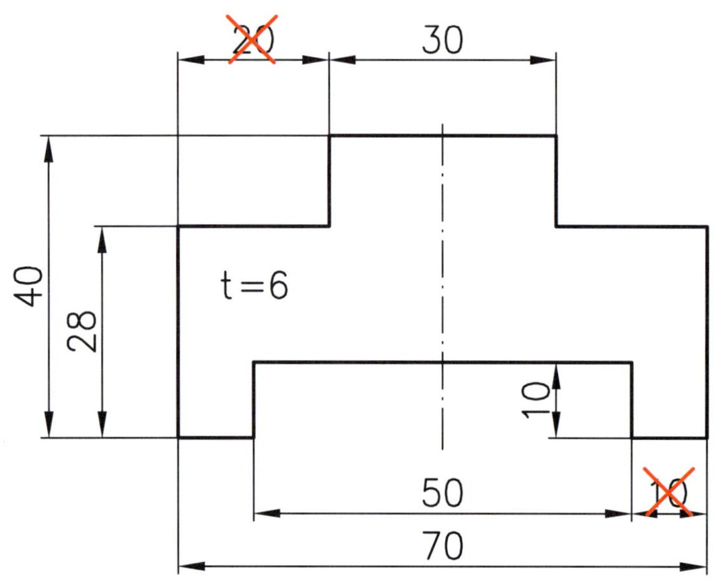

Es ist also falsch, zusätzlich die Entfernung von der Körperkante anzugeben (siehe Abbildung).

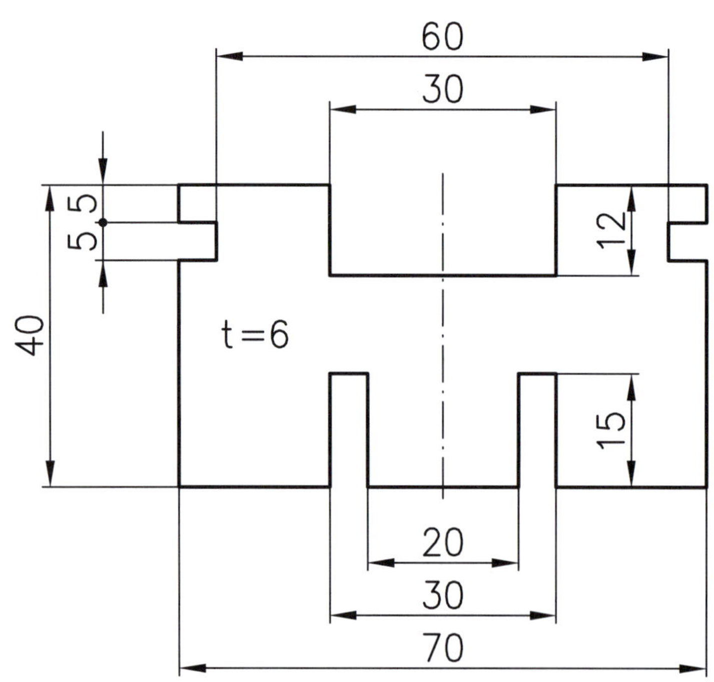

Bei Einschnitten, die symmetrisch liegen, wird die Mittellage (Mittenabstand) bemaßt.

Maße an Kreisen (DIN 406-11)

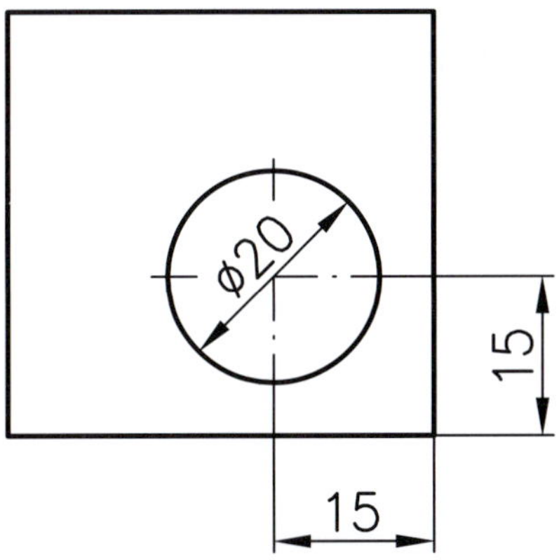

Man unterscheidet die Bemaßung zur Festlegung der Lage von der Maßeintragung für die Größe der Bohrungen. Durch zwei sich schneidende Mittellinien wird der Mittelpunkt der Bohrung bestimmt.
Der Abstand der Mittellinien zu den Werkstückkanten (Maßbezugsebenen) muss bemaßt werden.
In allen Bemaßungsfällen wird ein Durchmesserzeichen Ø vor die Maßzahl gesetzt.

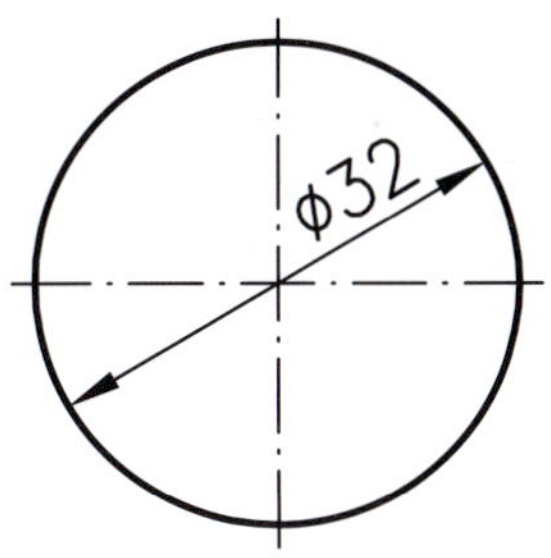

Die Durchmesserbemaßung richtet sich nach der Größe des Kreises und dem Platzbedarf für die Maßzahl:

Maßangabe innen

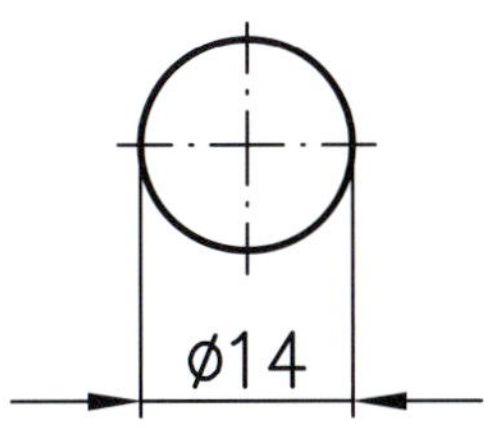

Maßpfeile von außen an den Maßhilfslinien

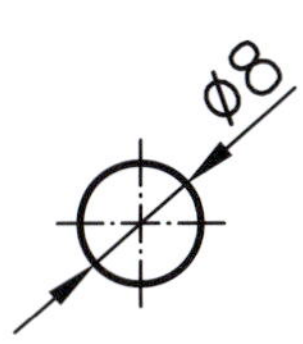

Maßpfeile von außen an den Kreis

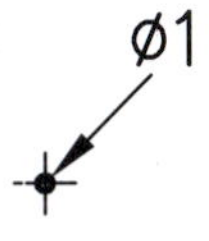

Sehr kleine Bohrungen werden mit nur einem Maßpfeil (unter 45°) und waagerechter Durchmesserangabe versehen.

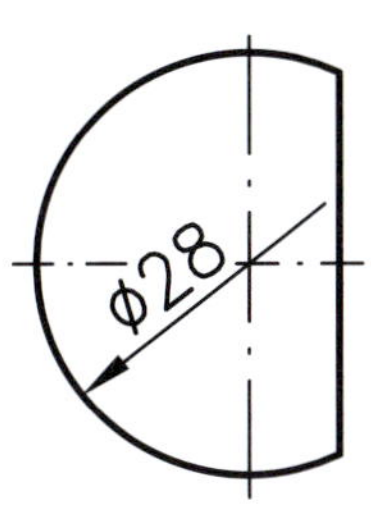

Hat die Maßlinie für den Durchmesser des Kreises keine zwei Maßpfeile, so ist die Maßlinie etwas über den Mittelpunkt hinaus zu zeichnen.

Sind in einem Werkstück zwei oder mehr Bohrungen gleich groß, so erhält nur eine Bohrung das Durchmessermaß.

Maße an Radien (Halbmessern) DIN 406-11

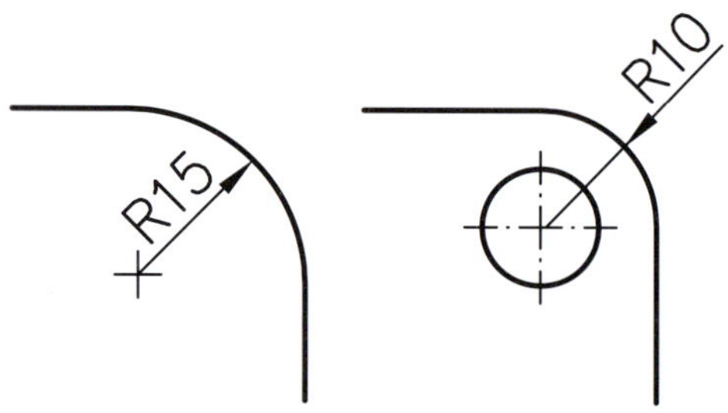

Radien (Halbmesser) haben Kreisbogenform.

Maßzahlen für Radien werden in allen Fällen durch ein vorangesetztes großes R gekennzeichnet.

Die Maßlinien für Radien erhalten nur einen Maßpfeil am Kreisbogen.
Dieser Maßpfeil ist möglichst von innen anzusetzen, kann bei Platzmangel aber auch von außen an den Kreisbogen gesetzt werden.

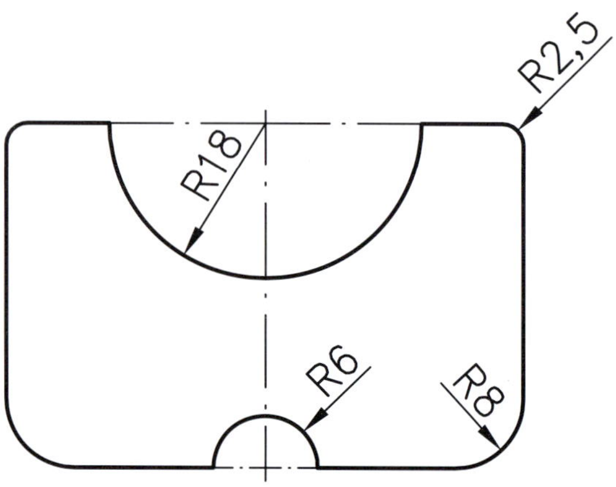

Der Radiusmittelpunkt muss nur gekennzeichnet werden, wenn seine Lage aus funktions-, fertigungs- oder prüftechnischen Gründen maßlich festgelegt sein muss.

Der Mittelpunkt ist durch ein Mittellinienkreuz zu kennzeichnen.

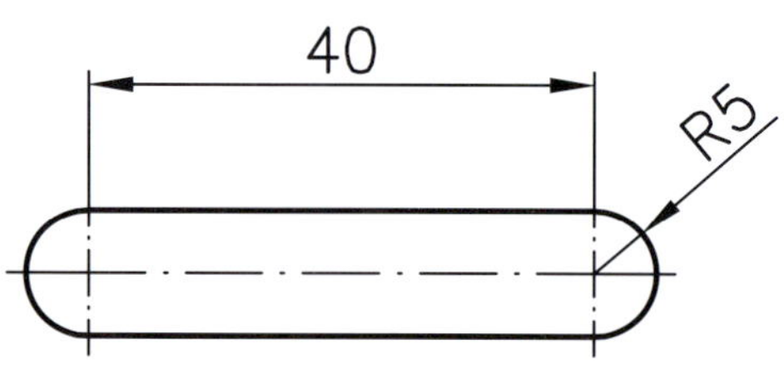

A

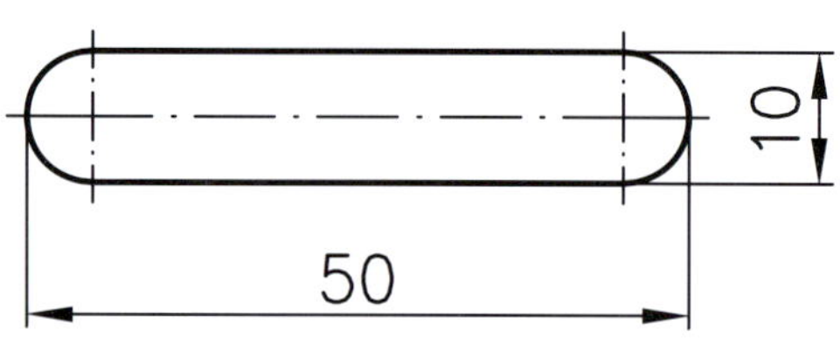

B

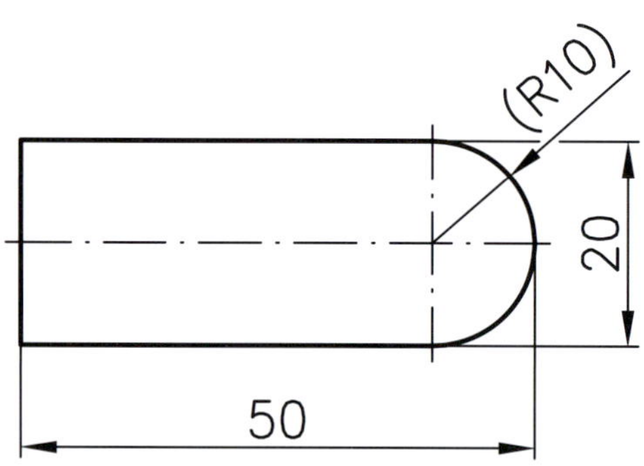

C

Bei **radius**förmigen Innenformen (s. Bilder A, B und C) kann die Bemaßung der Fertigungsweise angepasst werden, wie z. B. in

Bild A: **dem** *Ausfräsen*, mit Angabe von Fräserradius und Fräserweg,

Bild B: **dem** *Ausstanzen*, mit Angabe der Formlänge und -breite, wobei die Radiusangabe wegen Eindeutigkeit entfällt, oder wie in

Bild C: hier kann der Radius zusätzlich als Hilfsmaß in Klammern angegeben werden.

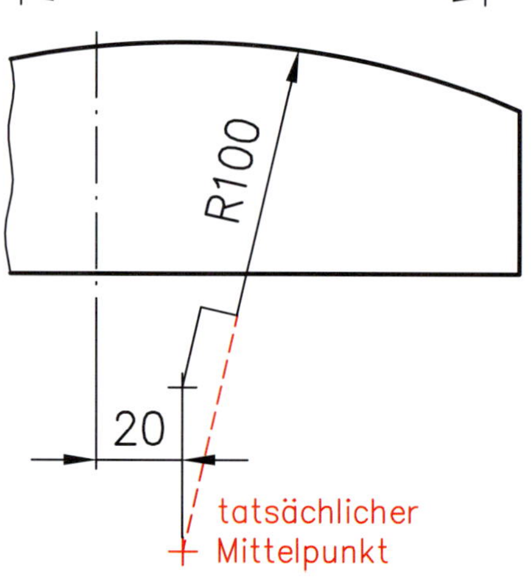

Bei der Bemaßung eines großen Halbmessers und gleichzeitigem Platzmangel auf der Zeichnung darf der Radiusmittelpunkt verschoben und die Maßlinie verkürzt und mit rechtwinkeligem Doppelklick gezeichnet werden.

Der mit dem Maßpfeil versehene Teil der Maßlinie muss dabei auf den tatsächlichen geometrischen Mittelpunkt gerichtet sein.

Maße an Winkeln (DIN 406-11)

Man unterscheidet zwei Möglichkeiten der Bemaßung von schrägen (schiefwinkeligen) Kanten:

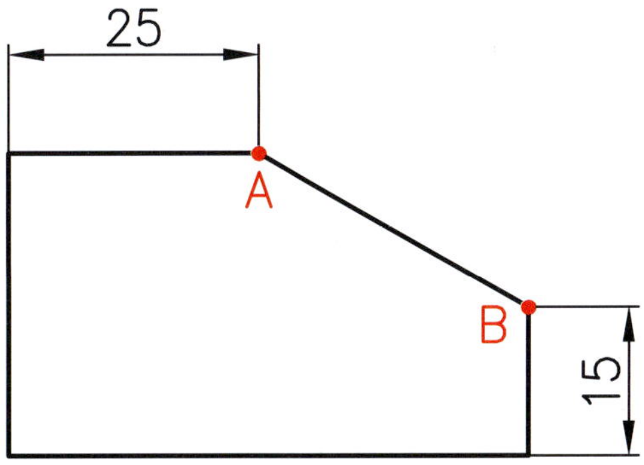

1. Die Schräge kann durch die Festlegung der beiden Eckpunkte A und B mit Längenmaßen bestimmt werden.

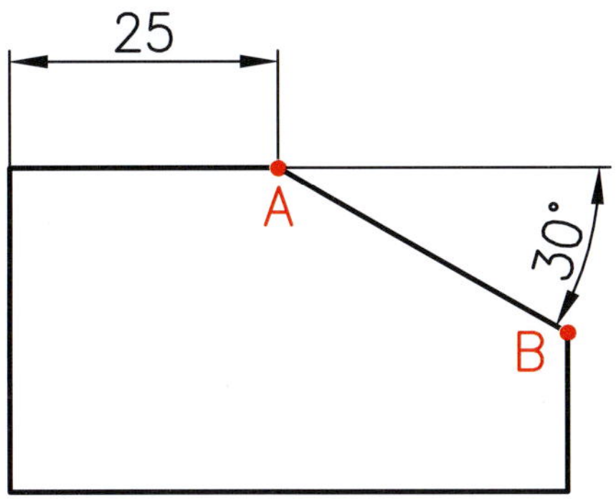

2. Die schiefwinkelige Kante kann durch die Längenbemaßung des Scheitelpunktes A und einer Winkelangabe (z. B. 30°) erfolgen

   oder

   durch die Abstandsbemaßung des anderen Scheitelpunktes B mit Angabe des Ergänzungswinkels (z. B. 60°).

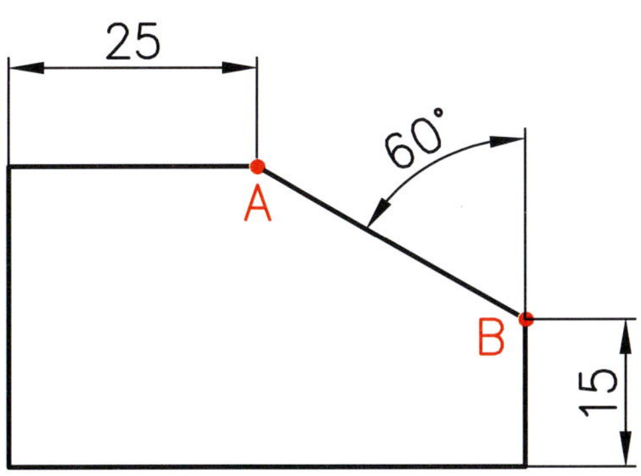

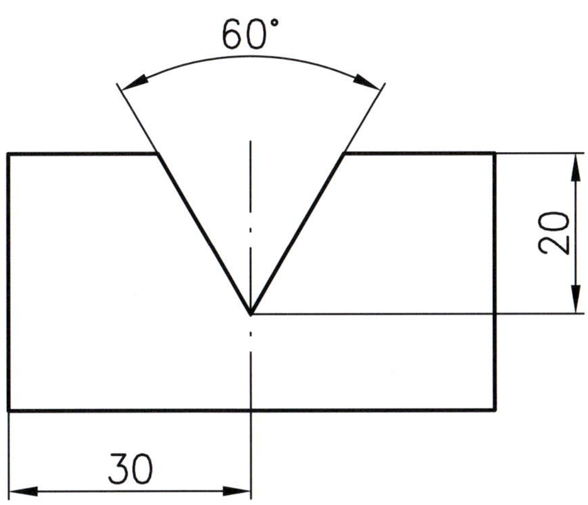

In nebenstehender Darstellung ist die Lage des Winkels durch die Bemaßung seiner Mittellinie festgelegt.

Zusätzlich müssen **entweder** der Scheitelpunkt des Winkels **oder** die Öffnungswerte des Einschnittes bemaßt werden.

Ist nicht genügend Platz vorhanden, werden die Schenkel des Winkels durch Maßhilfslinien verlängert.

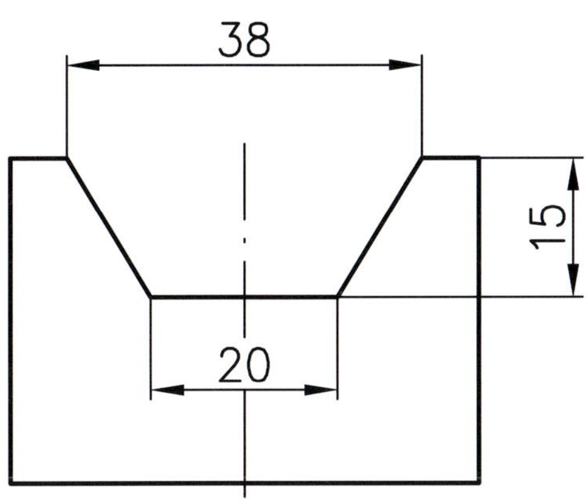

Wird die Lage des winkeligen Einschnittes z. B. durch die Symmetrieachse bestimmt, entfällt ein zusätzliches Lagemaß.

Maßzahlen bei Winkelangaben (DIN 406-11)

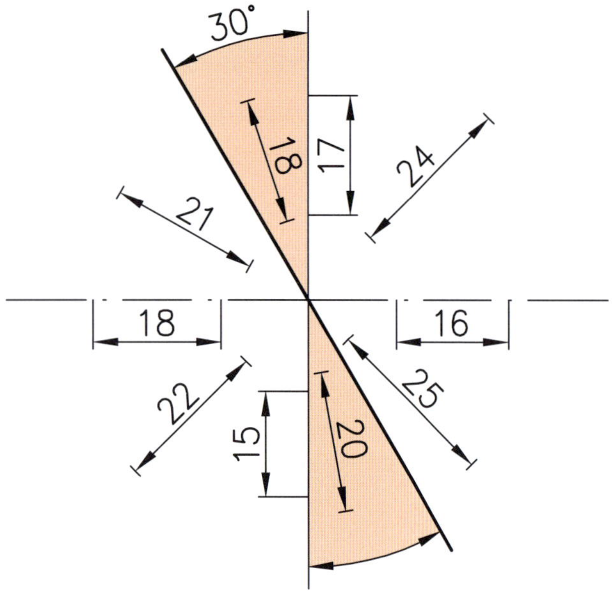

Maßzahlen und Winkelangaben sind so einzutragen, dass sie von unten oder von rechts lesbar sind, wenn die Zeichnung in ihrer Gebrauchslage gehalten wird.

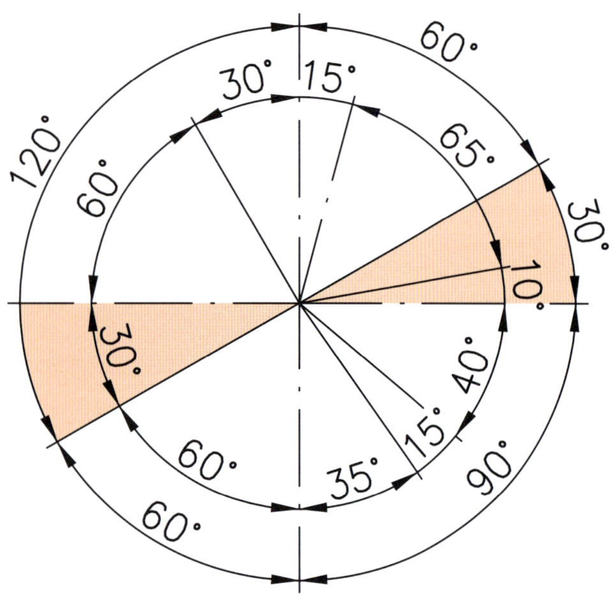

Sind Maße oder Winkelangaben in den schraffierten Bereichen nicht zu vermeiden, so müssen sie von links lesbar sein.

Vereinfachte Bemaßung einer Fase

Die vereinfachte Bemaßung ist nur für Fasen von 45° oder für Senkungen von 90° zulässig.

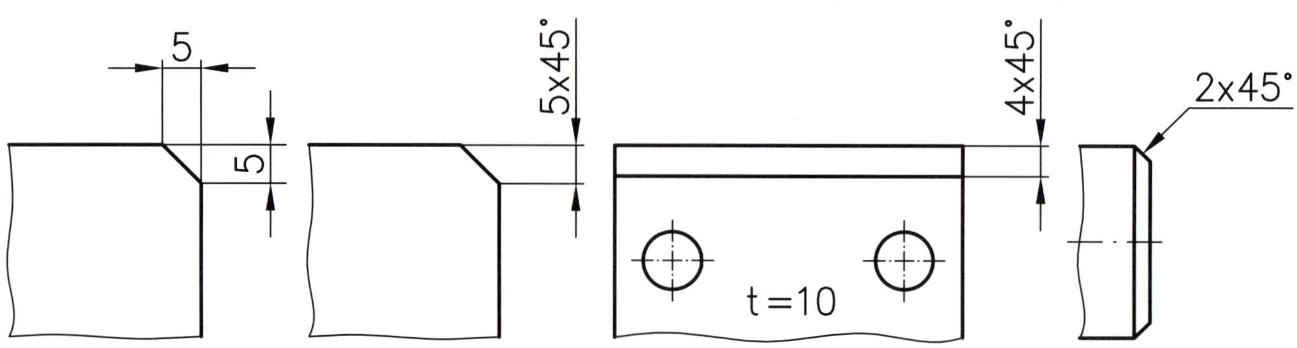

Teilungen

Teilung mit gleichen Abständen und gleicher Form

Die Gesamtzahl gleicher Elemente wird durch die Angabe z. B. 6 x (siehe folgendes Bild) eingetragen.

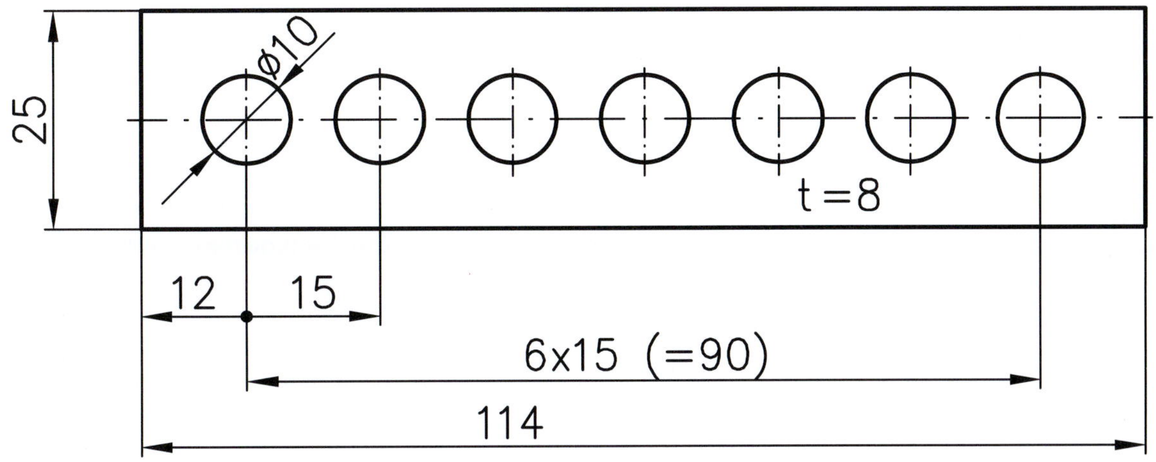

Teilung mit ungleichen Abständen

Eckige Löcher, Schlitze, Nuten o.ä. werden im Allgemeinen von Kante zu Kante bemaßt.

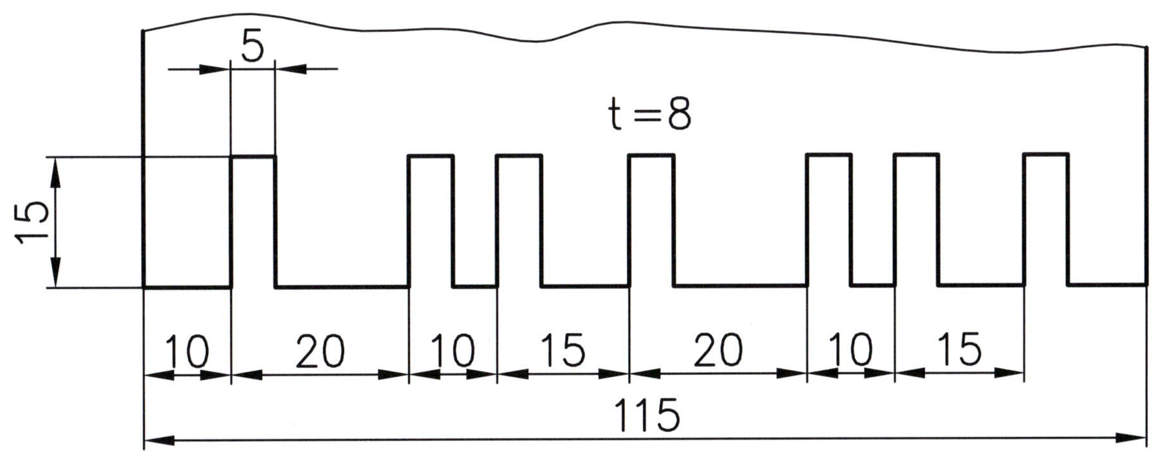

Kreisteilungen

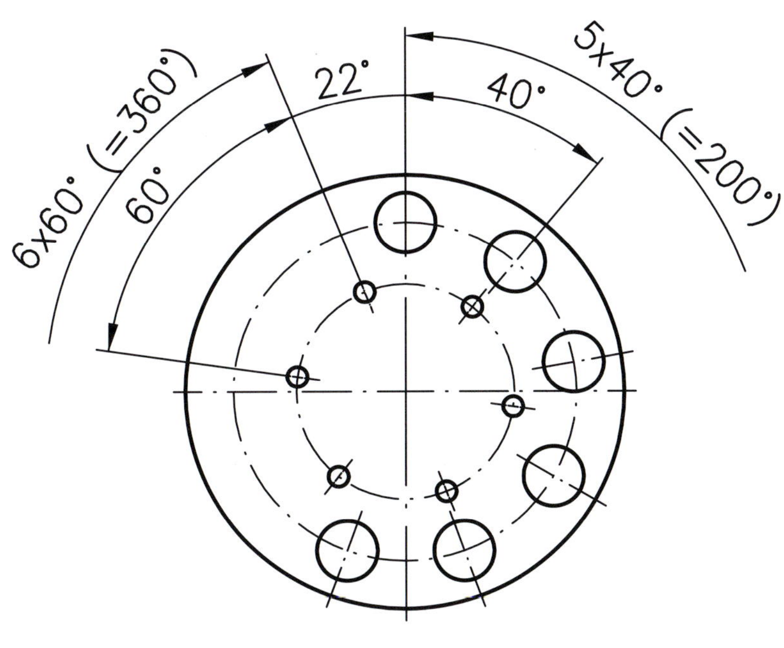

Bei gleichen Kreisteilungen auf demselben Lochkreisdurchmesser ist über dem Teilungsmaß die Anzahl der Lochteilungen und das Teilungsmaß anzugeben.
Die Maßlinie darf abgebrochen werden.

4 Werkstücke in perspektivischer Darstellung

Isometrische und dimetrische Projektion (DIN ISO 5456-3)

Perspektivische Darstellungen sind sehr anschaulich und schulen ganz besonders das räumliche Vorstellungsvermögen. Bei parallelperspektivischen Darstellungen liegt dabei der Fluchtpunkt unendlich weit entfernt. Parallele Körperkanten werden auch als parallele Linien gezeichnet.
Nach DIN 5 unterscheidet man die **isometrische** und die **dimetrische** Projektion.

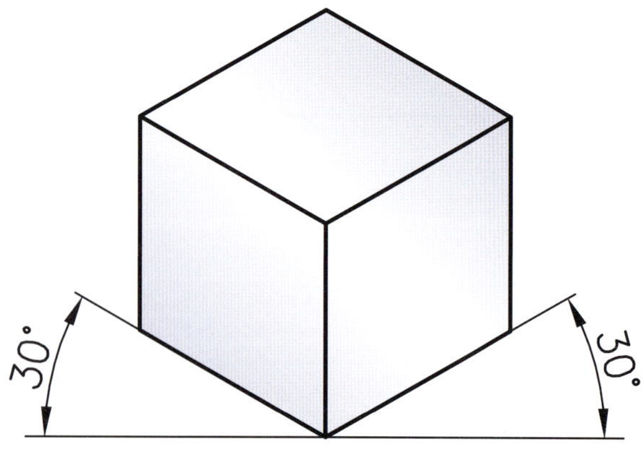

Isometrische Darstellung

Sie wird dann angewendet, wenn an einem Körper Wesentliches in den drei Ansichten gezeigt werden soll.

Alle Abmessungen werden dabei im selben Maßstab gezeichnet.
Die Winkel der in der Tiefe verlaufenden Kanten betragen je 30° zur Waagerechten.

Höhe : Breite : Tiefe = 1 : 1 : 1

Darstellungsmöglichkeiten

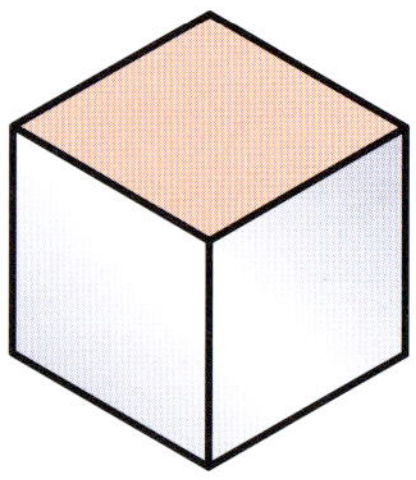

von oben

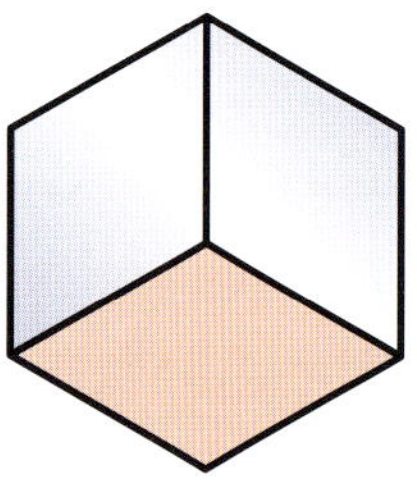

von unten

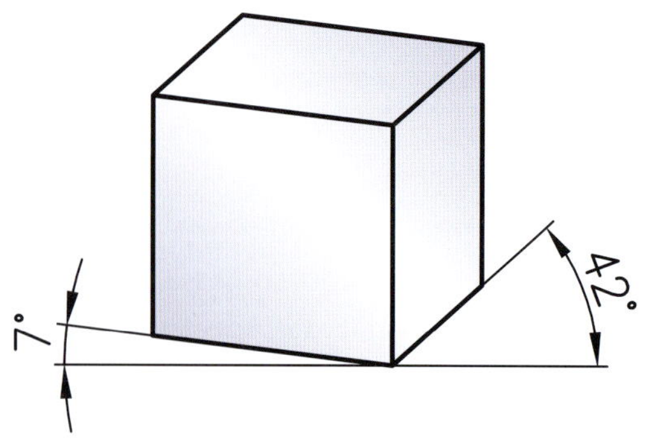

Dimetrische Darstellung

Sie wird verwendet, wenn in der Hauptansicht Wesentliches gezeigt werden soll. Die Ausdehnungen in der Hauptansicht sind unverkürzt. Die Winkel für die in der Tiefe verlaufenden Kanten betragen 7° bzw. 42° zur Waagerechten. Die unter 42° verlaufenden Kanten werden um die Hälfte verkürzt gezeichnet.

Höhe : Breite : Tiefe = 1 : 1 : 0,5

Darstellungsmöglichkeiten

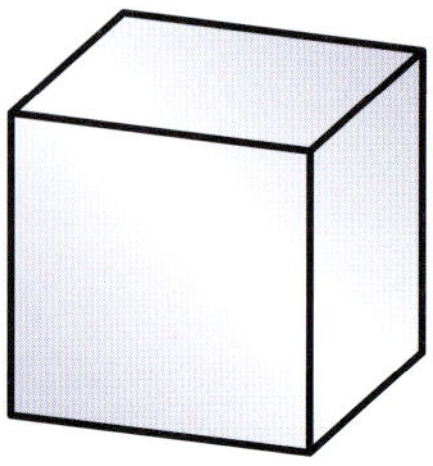

von rechts oben

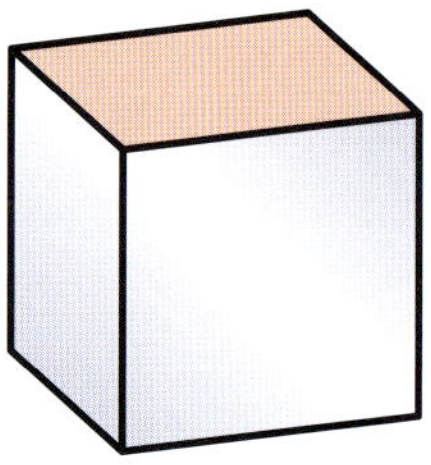

von links oben

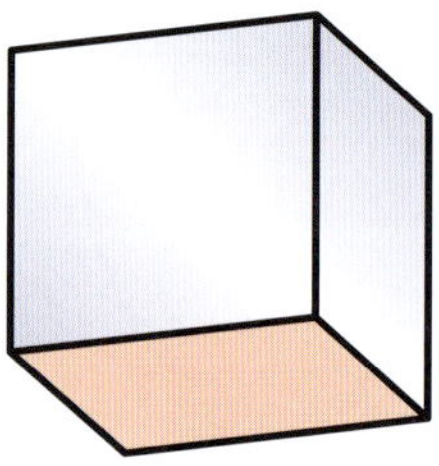

von rechts unten

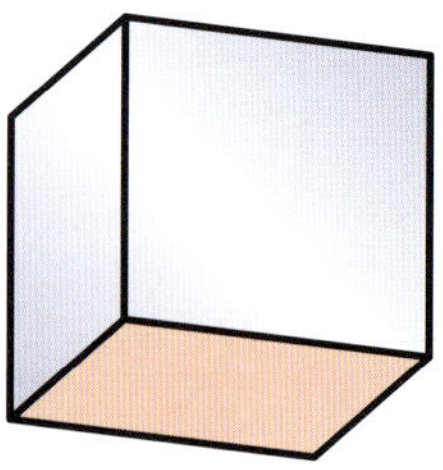

von links unten

Perspektive – Darstellung in Zeichenschritten

1. Entwurf

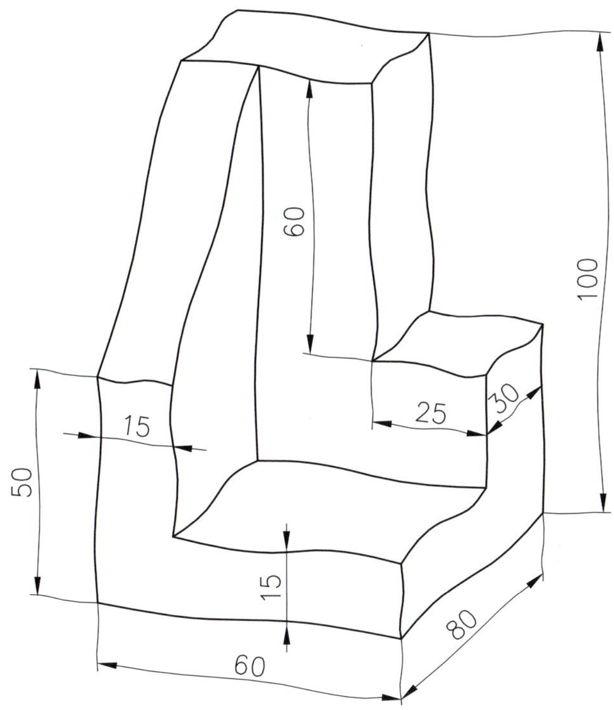

2. Aufzeichnen der Hüllform

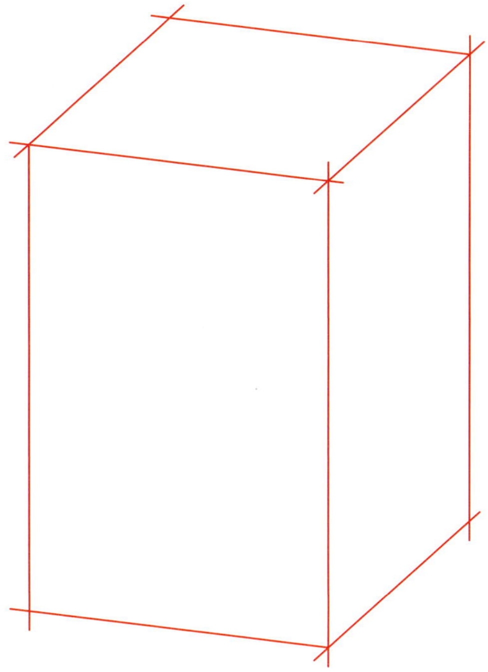

3. Konstruieren der Werkstückform

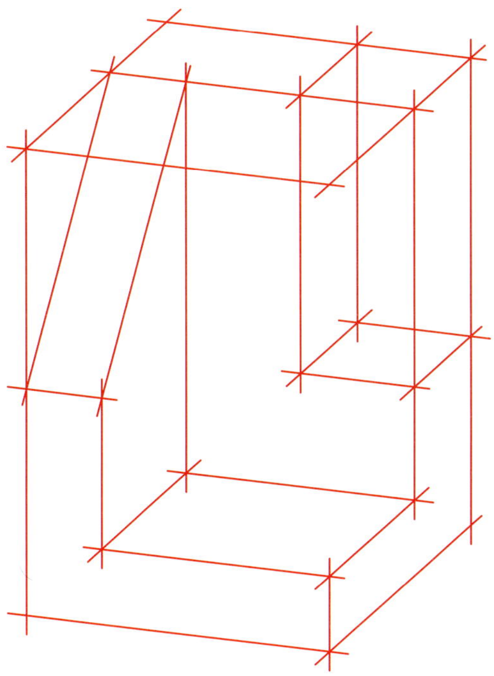

Ausziehen der Fertigform

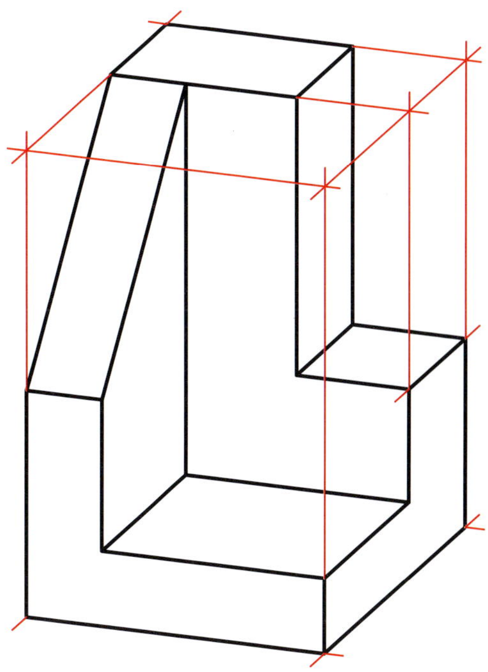

5 Prismatische Werkstücke

Werkstücke in zwei Ansichten

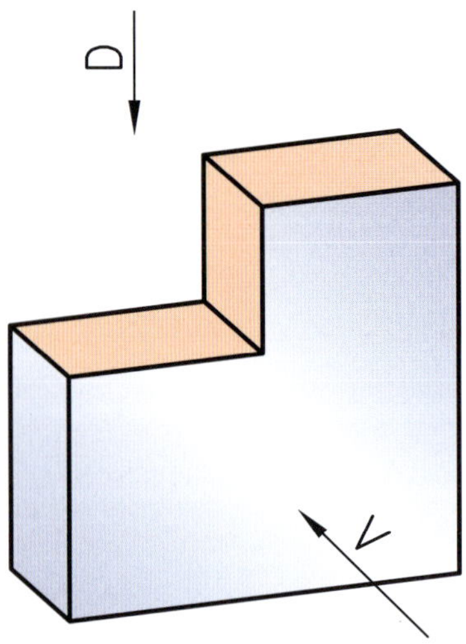

Form und Größe eines Werkstückes lassen sich nicht immer durch eine Ansicht festlegen.
Die vielgestaltige Form oder die Angabe vieler Maße erfordern eine Darstellung in mehreren Ansichten. Da man auf einer Ebene (Zeichenblatt) zeichnet, könnte eine perspektivische Darstellung des Werkstückes genügen, um an dieser Zeichnung die Länge, Breite und Tiefe des Körpers zu erkennen.
Komplizierte Werkstücke sind in der Perspektive jedoch sehr schwierig darzustellen, und die Maße sind ebenfalls nicht einfach unterzubringen.

Nach DIN ISO 128-30 und DIN ISO 5456-2 zeichnet man deshalb Werkstücke in mehreren Ansichten.

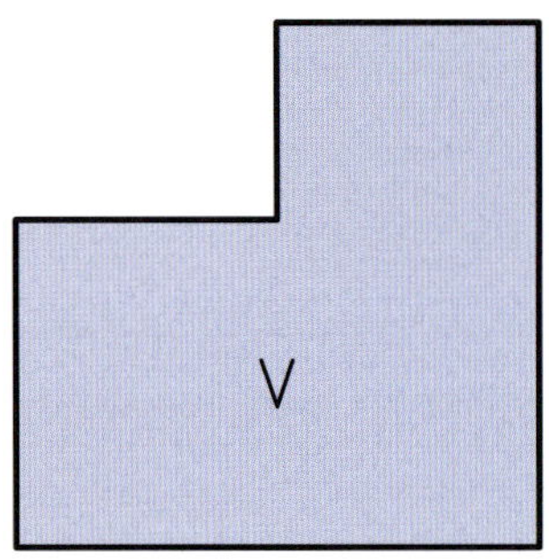

Betrachten wir den perspektivischen Körper in Pfeilrichtung V, so erhalten wir eine Ansicht des Werkstückes:
Ansicht von vorne = **Vorderansicht**.

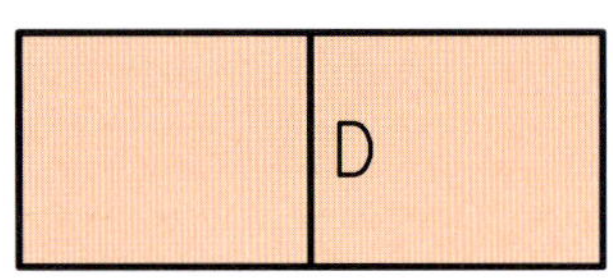

Betrachten wir den Körper in Pfeilrichtung D, so erhalten wir eine weitere Ansicht des Werkstückes:
Ansicht von oben = **Draufsicht**

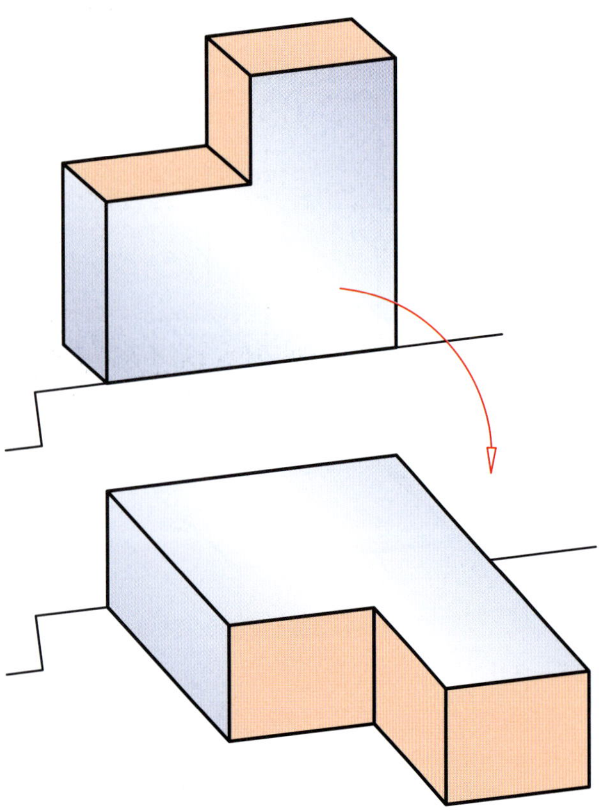

Die Draufsicht erhalten wir aber auch durch Kippen des Werkstückes um die untere vordere Längskante. Durch Vorderansicht und Draufsicht sind für diesen Körper die drei Ausdehnungen (Höhe, Breite und Tiefe) und die Form eindeutig bestimmt.

In der Vorderansicht sind Höhe und Breite, in der Draufsicht Tiefe und Breite erkennbar.
In der Vorderansicht ist die wahre Größe der Vorderfläche zu erkennen, während die senkrechten Seitenflächen als senkrechte Linien, die waagerechten Deck- und Grundflächen als waagerechte Linien erscheinen.
Die waagerechten Deck- und Grundflächen erscheinen in der Draufsicht als Rechtecke in wahrer Größe, die senkrechten Seitenflächen als Begrenzungslinien der Rechtecke.

Werkstücke in zwei Ansichten

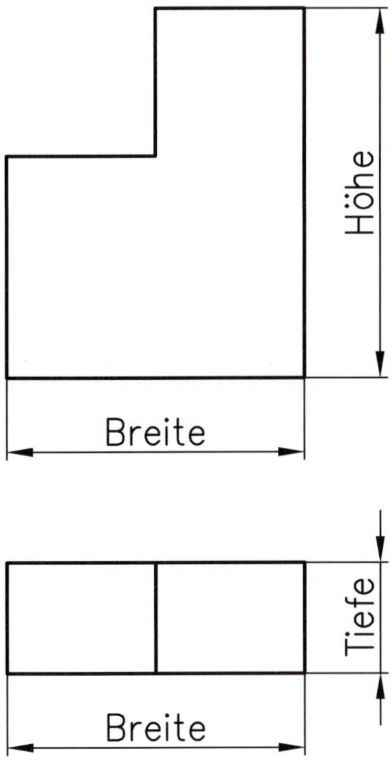

Merke ■

1. **Die Hauptansicht (Vorderansicht) soll das Werkstück in der Gebrauchslage oder Fertigungslage darstellen. Von der Form und den Abmessungen soll beim Betrachten des Werkstückes in waagerechter Richtung möglichst viel sichtbar dargestellt werden.**
2. **Die Bemaßung soll in der Ansicht vorgenommen werden, wo sie am deutlichsten zu erkennen ist.**

Nachfolgende Beispiele zeigen verschiedene Formmöglichkeiten bei gleichen Vorderansichten bzw. gleichen Draufsichten.

Vorderansichten

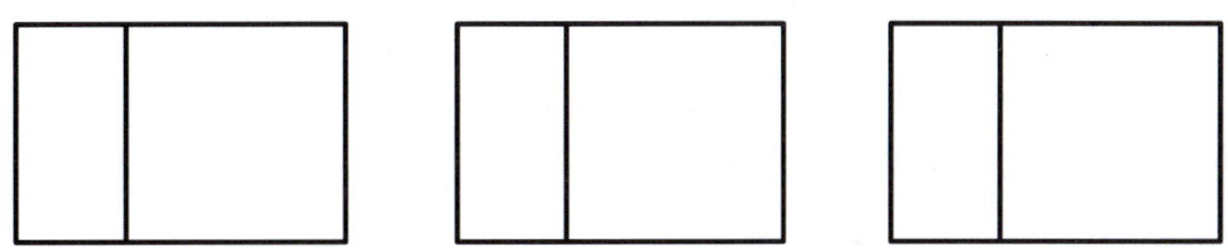

Draufsichten

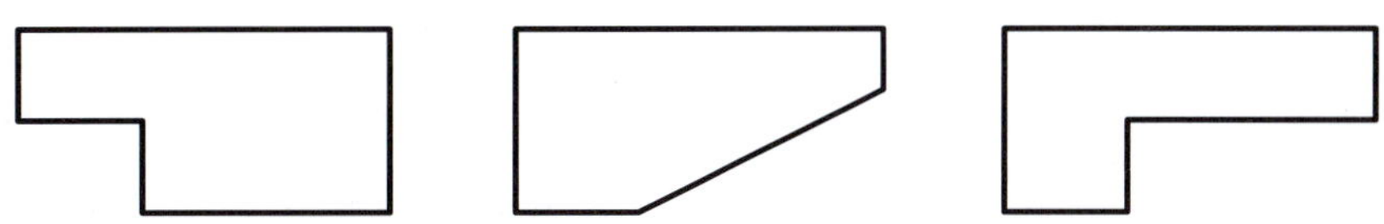

Vorderansichten

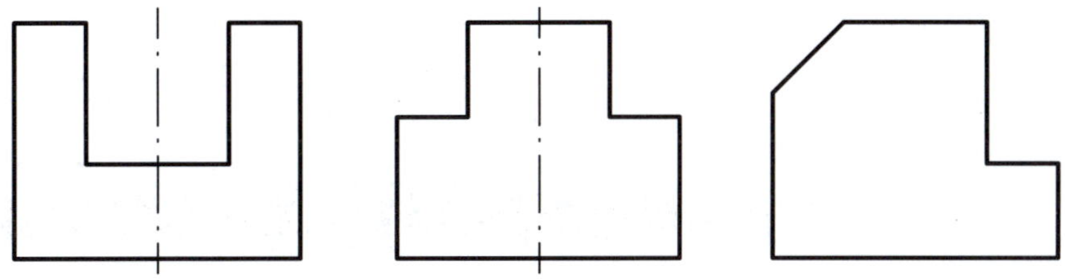

Draufsichten

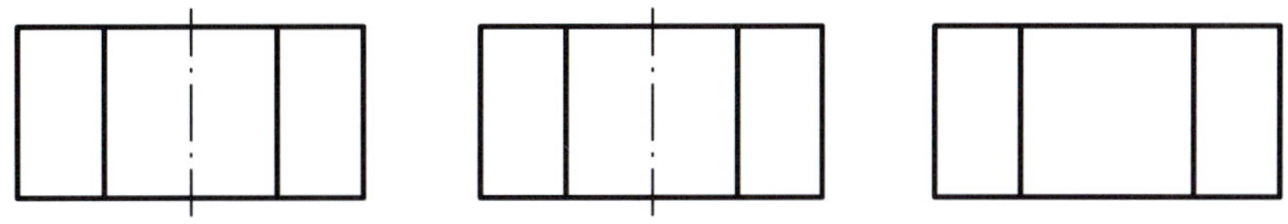

Notwendigkeit einer dritten Ansicht

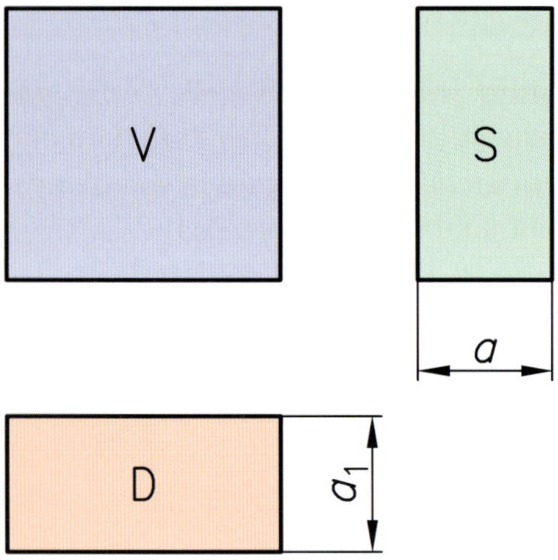

Um die Körperform eines Werkstückes eindeutig festzulegen, wird oft noch eine dritte Ansicht, die Seitenansicht, notwendig.

Die Seitenansicht von links steht rechts neben der Vorderansicht. Das Maß *a* der Seitenansicht ist gleich dem Maß a_1 der Draufsicht.

Für die einwandfreie Darstellung des nebenstehend gezeichneten Werkstückes sind drei Ansichten (Vorderansicht, Draufsicht und Seitenansicht) notwendig.

Bei fehlender Seitenansicht könnte das Werkstück auch andere Formen haben:

Beispiel 1

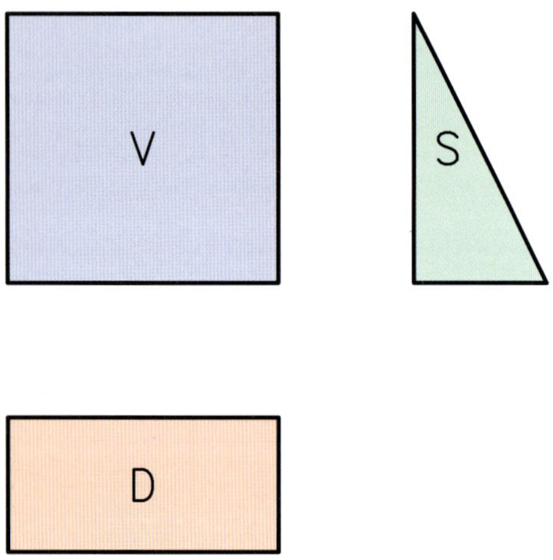

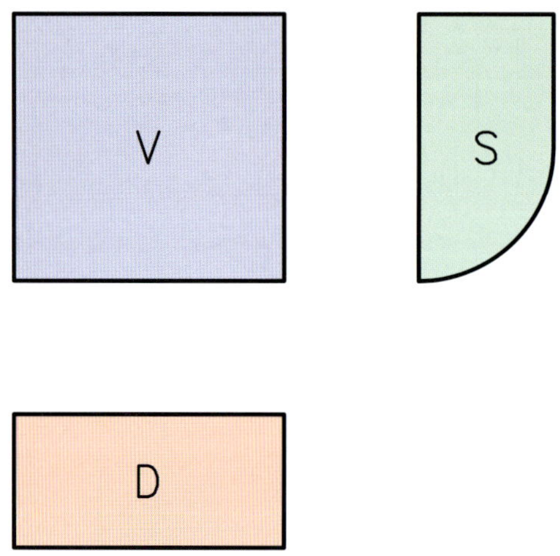

Beispiel 2

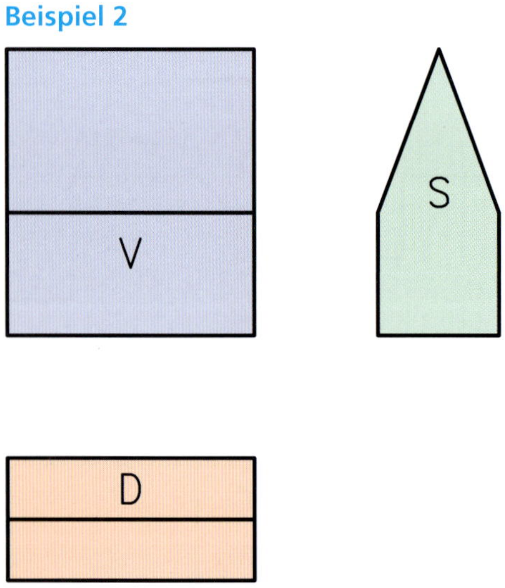

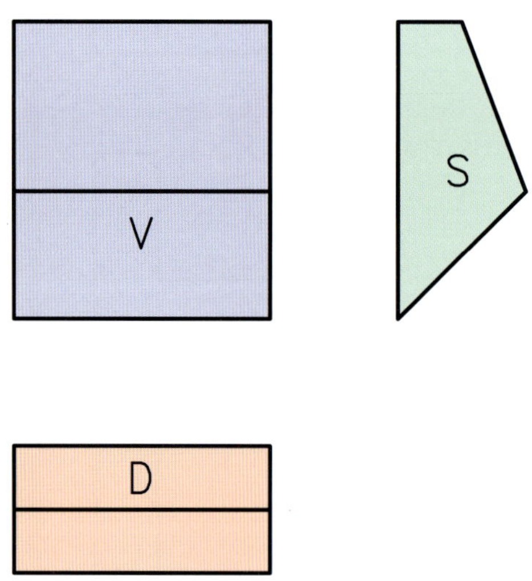

Die Anzahl der notwendigen Ansichten richtet sich nach der Form des Werkstückes. Manchmal genügen eine oder zwei Ansichten. Stets ist die Auswahl der Ansichten so zu treffen, dass das Werkstück einwandfrei bestimmt, also keine andere als die beabsichtigte Form möglich ist.

Werkstücke in sechs Ansichten (DIN ISO 128-30 und DIN ISO 5456-2)

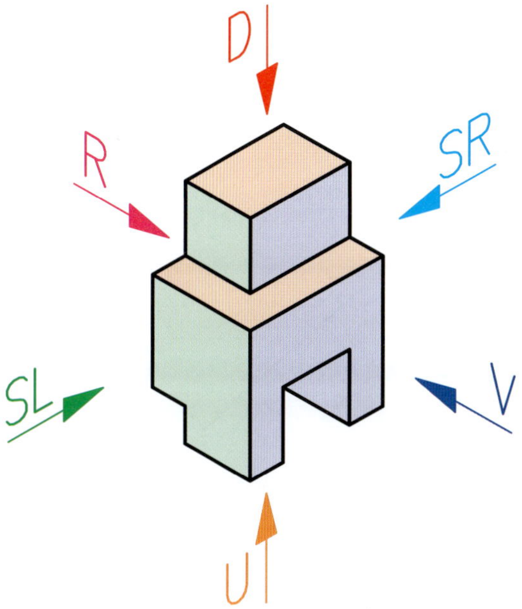

Benennung der Ansichten

V = Vorderansicht
D = Draufsicht
SL = Seitenansicht links
SR = Seitenansicht rechts
U = Unteransicht
R = Rückansicht

Um ein Werkstück vollständig darstellen und bemaßen zu können, sind je nach Form des Werkstückes bis zu sechs Ansichten notwendig.

Als Vorderansicht ist stets die Ansicht eines Werkstückes zu wählen, die am aussagefähigsten ist.

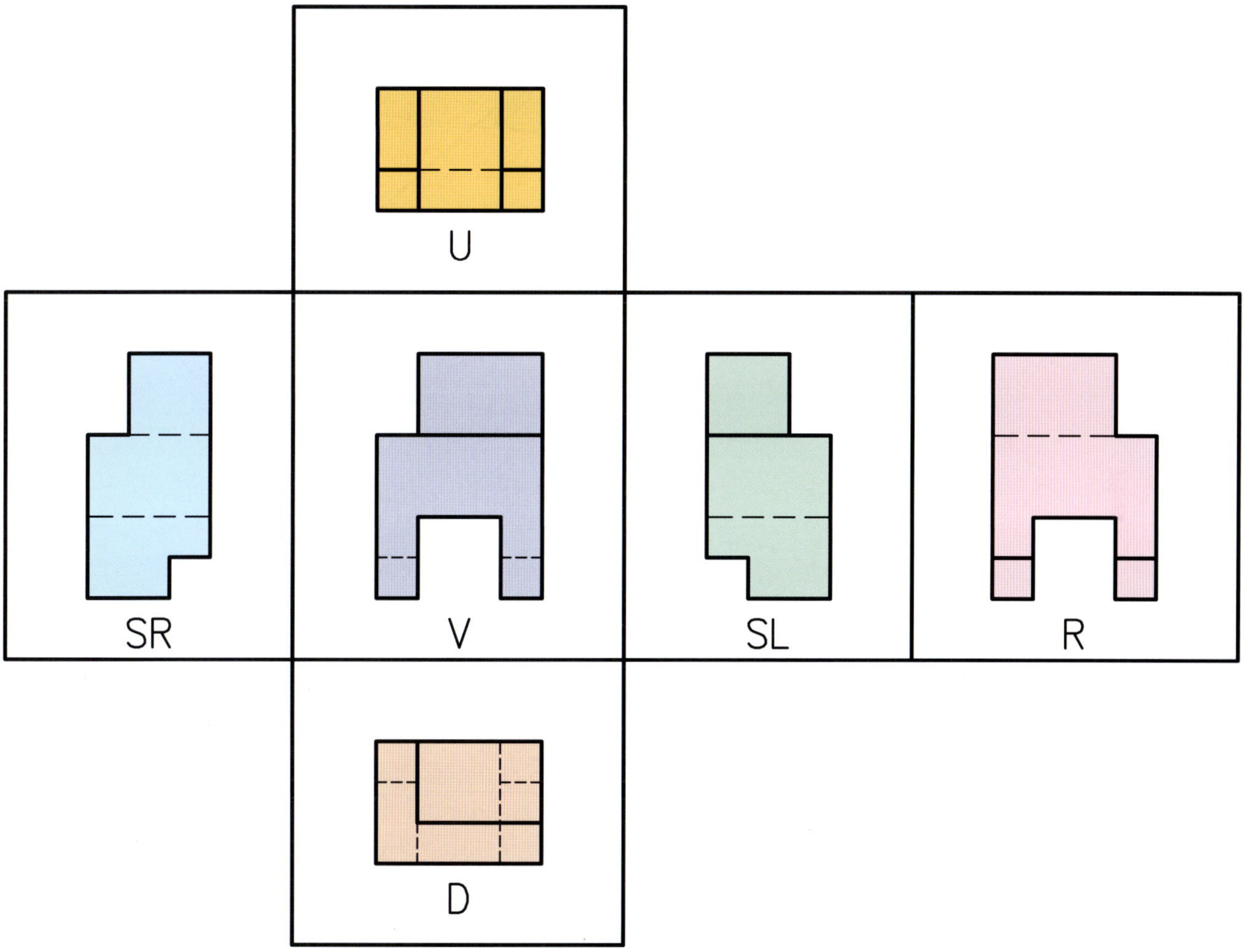

Darstellungsmethode

Die Projektionsmethode 1 nach DIN ISO 128-30 ist im deutschsprachigen Raum üblich. Bezogen auf die Vorderansicht gilt:
die Draufsicht (D) liegt unterhalb,
die Seitenansicht von links (SL) liegt rechts,
die Seitenansicht von rechts (SR) liegt links,
die Unteransicht (U) liegt oberhalb,
die Rückansicht (R) darf links oder rechts liegen.

Körper in der Raumecke

Um das Prinzip der senkrechten Parallelprojektion (Normalprojektion) nach DIN ISO 5456-2 zu verdeutlichen, wird ein einfacher Körper schwebend in eine Raumecke mit zwei Seitenwänden und Boden gestellt und von drei Seiten rechtwinkelig zu den Ansichtsebenen V, S und D betrachtet:

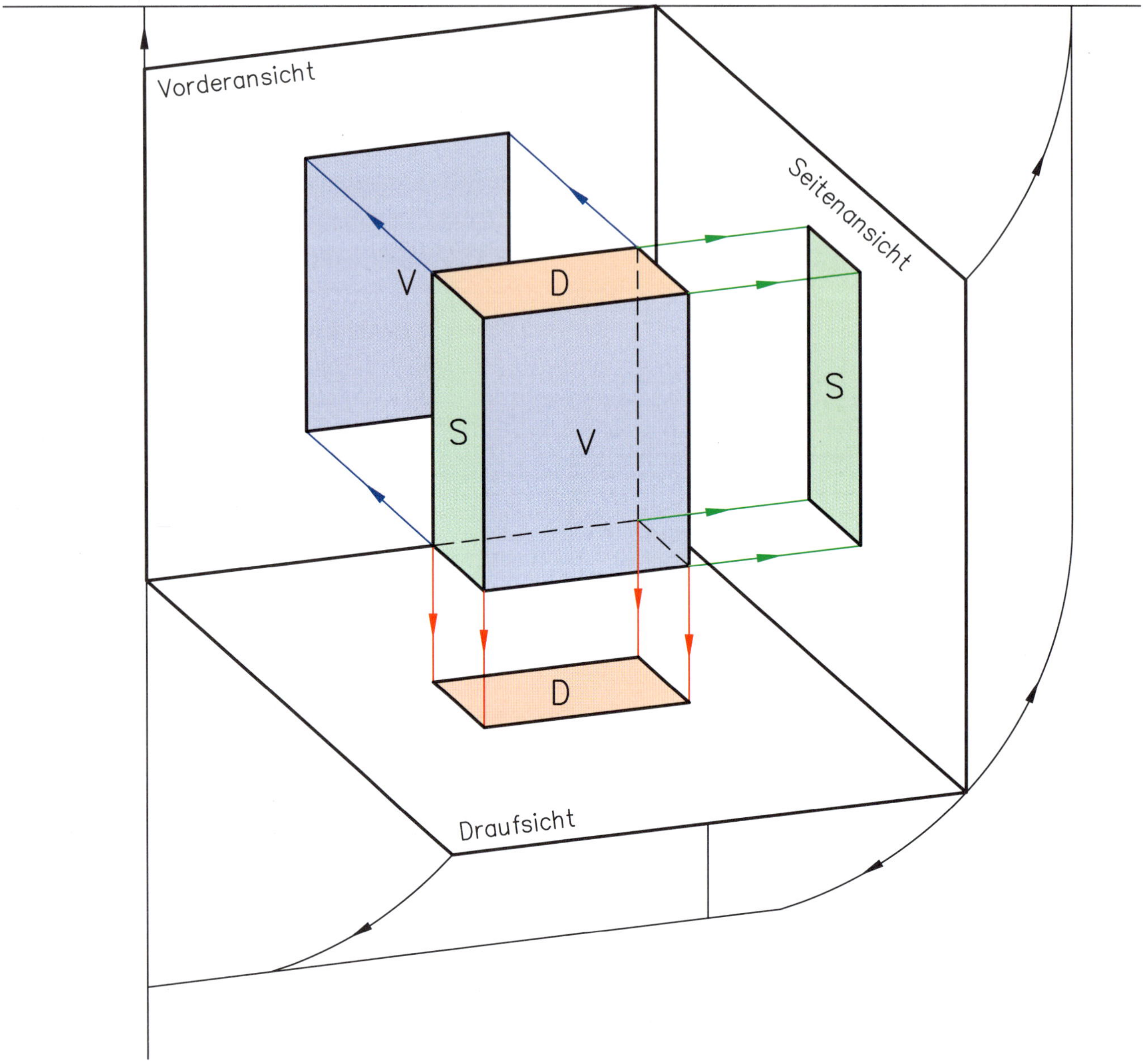

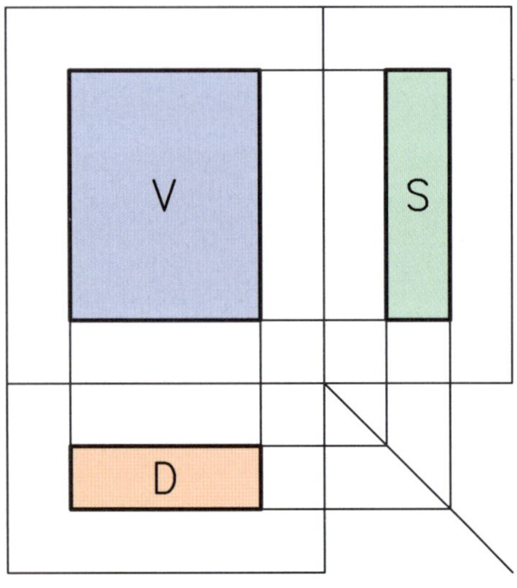

Bei der Normalprojektion treffen die Augenstrahlen (Projektionsstrahlen) parallel zueinander auf die jeweiligen Projektionsebenen und erzeugen maßgerechte Abbildungen.

Wird die Raumecke aufgeklappt zu einer Ebene (Zeichenblattebene), so erhält man die Darstellung eines Körpers in seinen drei Ansichtsebenen (Ansichten):

Oben links die Vorderansicht V, oben rechts auf gleicher Höhe die Seitenansicht S und senkrecht unter der Vorderansicht die Draufsicht D.

Diese Art der Projektionsdarstellung findet im Technischen Zeichnen Anwendung.

Werkstücke mit verdeckten Kanten

1

2
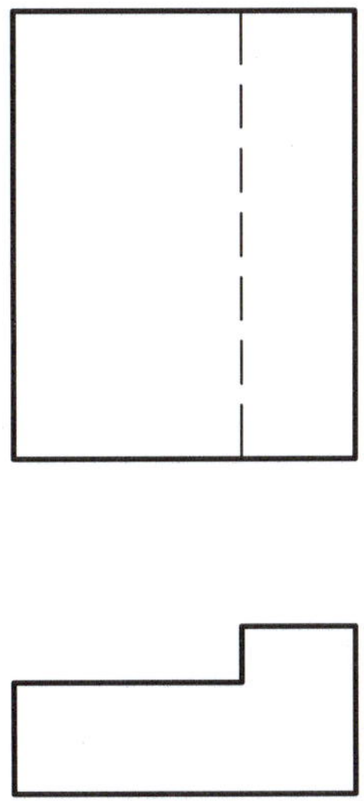

Verdeckte Körperkanten

Eine verdeckte Körperkante ist eine Kante, die wegen der Undurchsichtigkeit des Körpers nicht zu sehen ist.

In der Zeichnung wird die verdeckte Kante als Strichlinie dargestellt. Die Linienbreite ist hierbei abhängig von der gewählten Liniengruppe.

Beispiel
sichtbare Kanten 0,7 mm;
verdeckte Kanten 0,35 mm.

Das im Bild 1 dargestellte Werkstück zeigt in der Vorderansicht drei senkrechte sichtbare Körperkanten.

Wird das Werkstück gedreht (siehe Bild 2), so sind in der Vorderansicht nur noch zwei senkrechte sichtbare Körperkanten vorhanden. Die dritte Kante ist verdeckt und wird deshalb als Strichlinie gezeichnet.

3
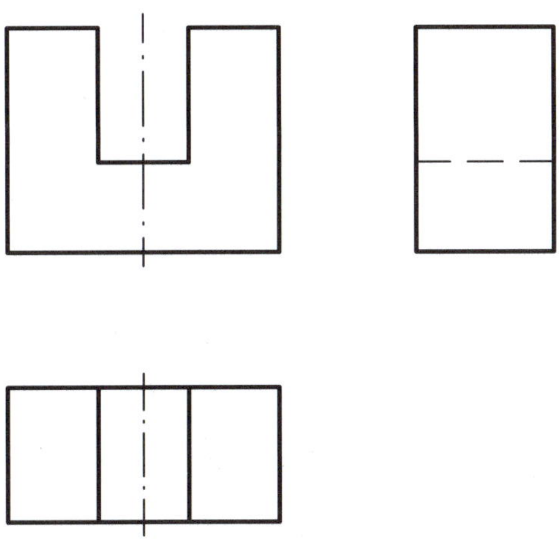

Die verdeckten Kanten sind nur dann einzuzeichnen, wenn sie zur einwandfreien Darstellung der Körperform erforderlich sind.

Die Lage des Körpers ist nach Möglichkeit so zu wählen, dass die wenigsten verdeckten Kanten gezeichnet werden müssen.

Die Bilder 3 und 4 zeigen Werkstücke in drei Ansichten mit verdeckten Körperkanten.

4
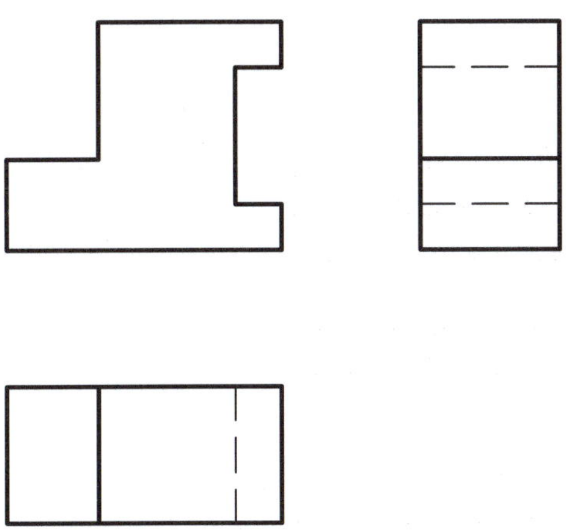

6 Zylindrische Werkstücke

Der Zylinder in der Raumecke

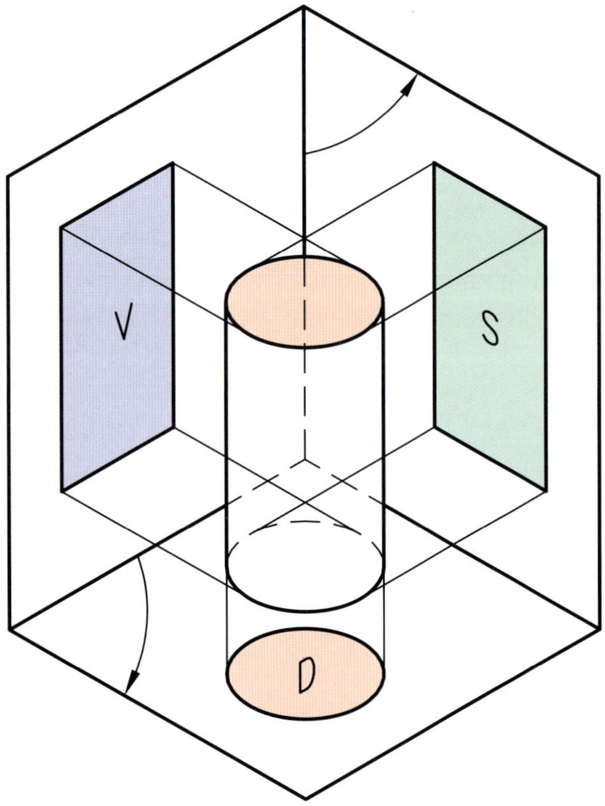

Der Zylinder in der Raumecke wird auf der Projektionsebene der Vorderansicht und Seitenansicht als Rechteck, in der Draufsicht als Kreis abgebildet.

Der Zylinder in der Projektionsebene

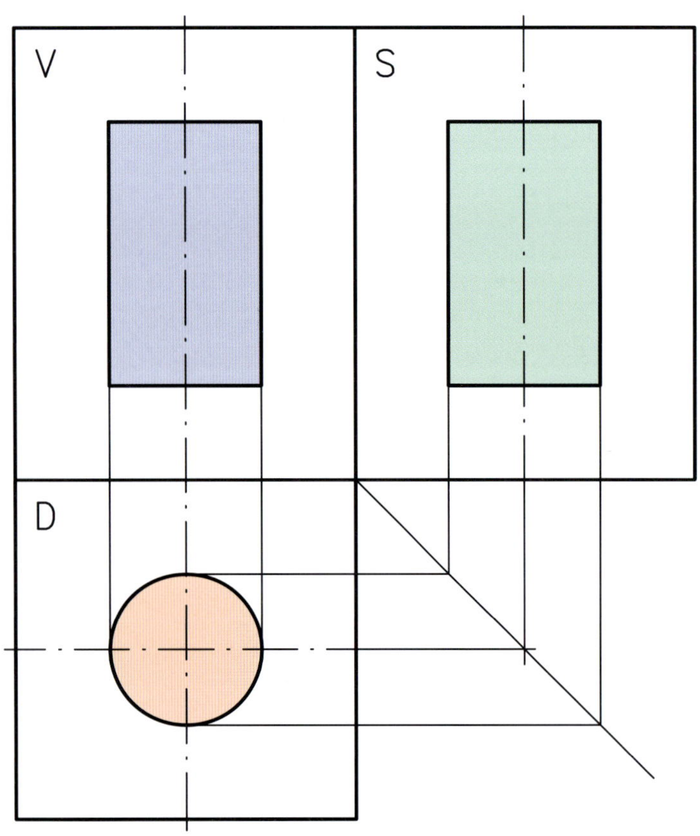

Die Umlaufkanten der Grund- und Deckfläche sind in Vorder- und Seitenansicht als waagerechte Kanten zu erkennen.

Die senkrechten Kanten sind die Umrisslinien des Zylindermantels.

Bei der Darstellung zylindrischer Werkstücke ist immer von der Mittellinie auszugehen.

Diese wird in der Zeichnung mit schmaler Strich-Punktlinie festgelegt.

Vereinfachte Darstellung des Zylinders

Wird der Zylinder (Rundsäule) in drei Ansichten dargestellt, sind Vorderansicht und Seitenansicht deckungsgleiche Rechtecke.

Die Seitenansicht wird somit überflüssig.

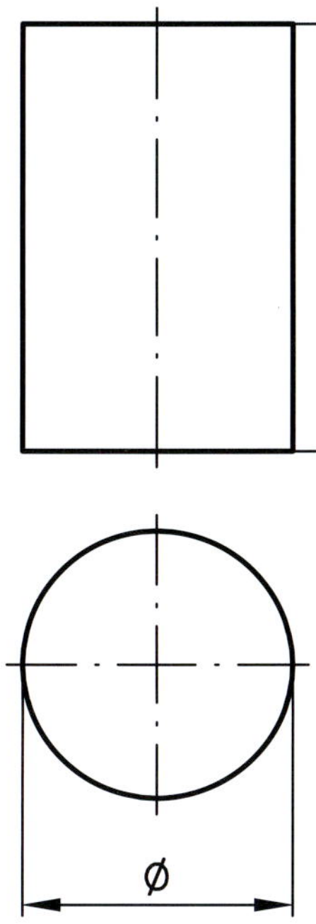

Erhält die Vorderansicht beide Maße des Körpers (Durchmesser und Höhe), kann auch auf die Draufsicht verzichtet werden.

Vor das Maß für den Durchmesser ist das Durchmesserzeichen (Ø) zu stellen.

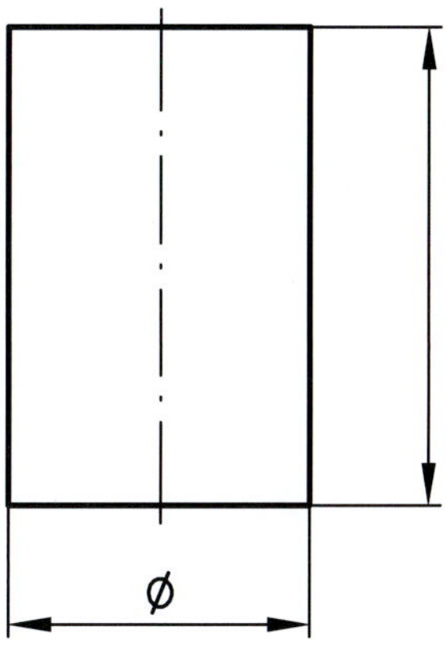

Drehteile

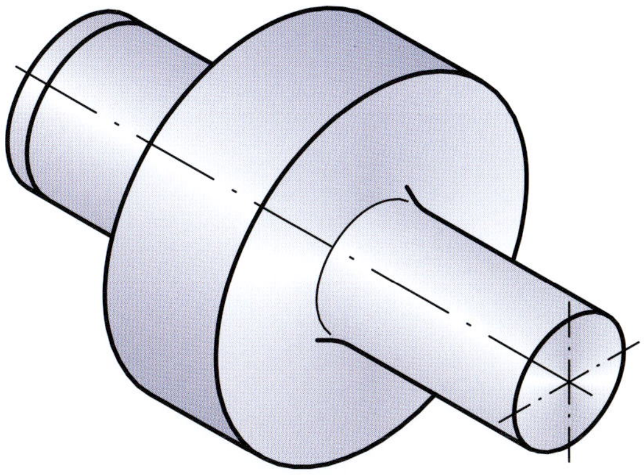

Abgesetzte zylindrische Werkstücke werden vorwiegend durch Drehen hergestellt.

Man nennt sie deshalb auch **Drehteile**.

Ihre Form bezieht sich auf die Drehachse (als Strich-Punktlinie dargestellt).

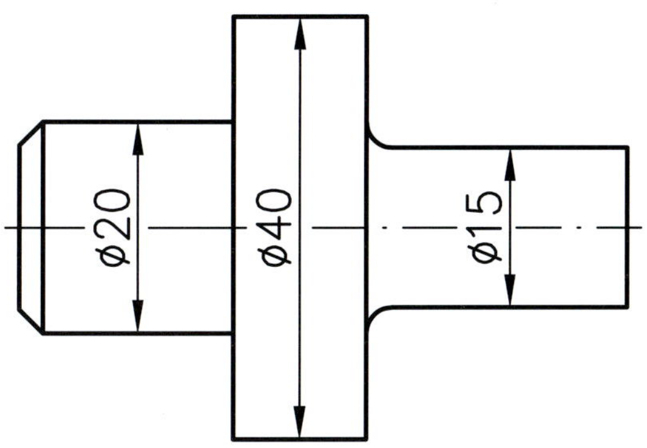

Drehteile werden in ihrer Fertigungslage gezeichnet.

Bei Drehteilen, die nur aus Zylindern zusammengesetzt sind, genügt es, eine Ansicht zu zeichnen.

Vor dem Maß für den Durchmesser muss jeweils das Durchmesserzeichen (Ø) stehen.

Bemaßung zylindrischer Werkstücke

Zylindrische Werkstücke werden nach der Arbeitsfolge ihrer Fertigung bemaßt.

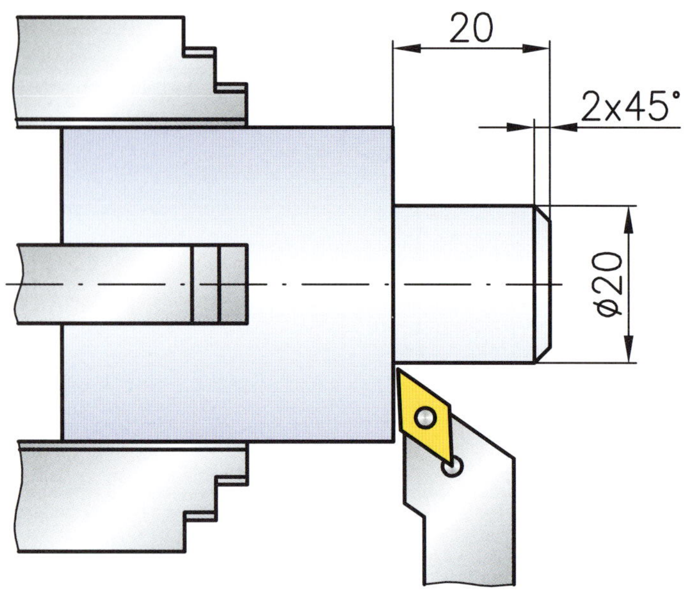

Der abgesägte Rohling mit Ø 40 mm wird ins Spannfutter genommen und auf der rechten Seite plangedreht.

Von dieser Bezugskante ausgehend wird der Zapfen, Ø 20 mm, mit 20 mm Länge angedreht.

Der Zapfen erhält zusätzlich eine Fase von 2 x 45°.

Anschließend wird das Werkstück umgespannt und auf die Länge von 60 mm abgedreht.

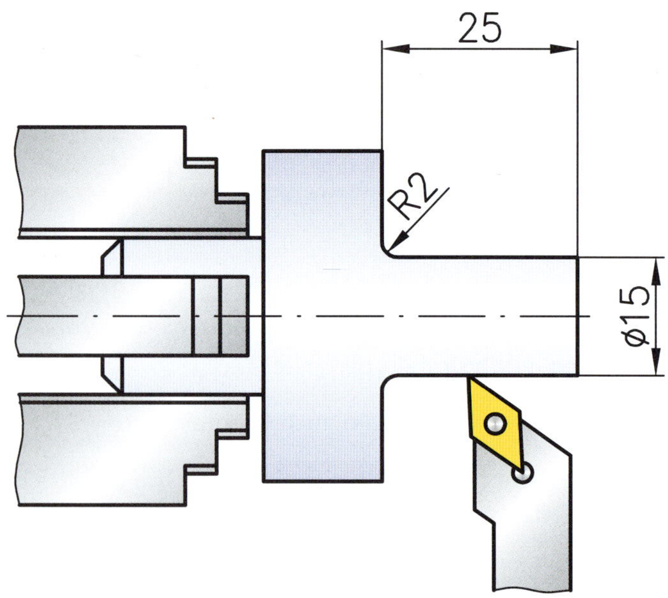

Von dieser zweiten Bezugskante ausgehend wird der Zapfen, Ø 15 mm, auf 25 mm Länge angedreht.

Der Zapfen erhält einen Radius (R = 2 mm).

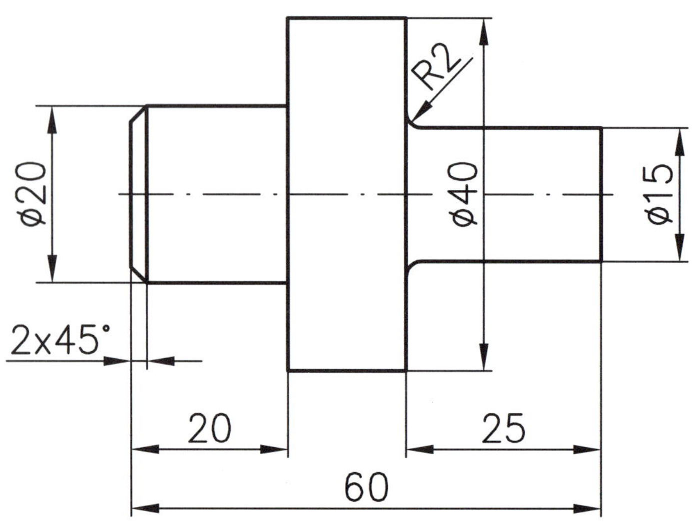

Drehteil mit vollständiger Bemaßung.

Anmerkung
Bei Drehteilen mit 45°-Fasen sind diese in das Längenmaß einzubeziehen.

Toleranzangaben

Wird die Funktion eines Werkstückes durch die Anwendung der Allgemeintoleranzen nicht erreicht, ist ein Passmaß erforderlich.

Die **Nulllinie** entspricht in der bildlichen Darstellung dem **Nennmaß *N*** und bildet den Bezug für die Grenzabmaße.

Begriffe

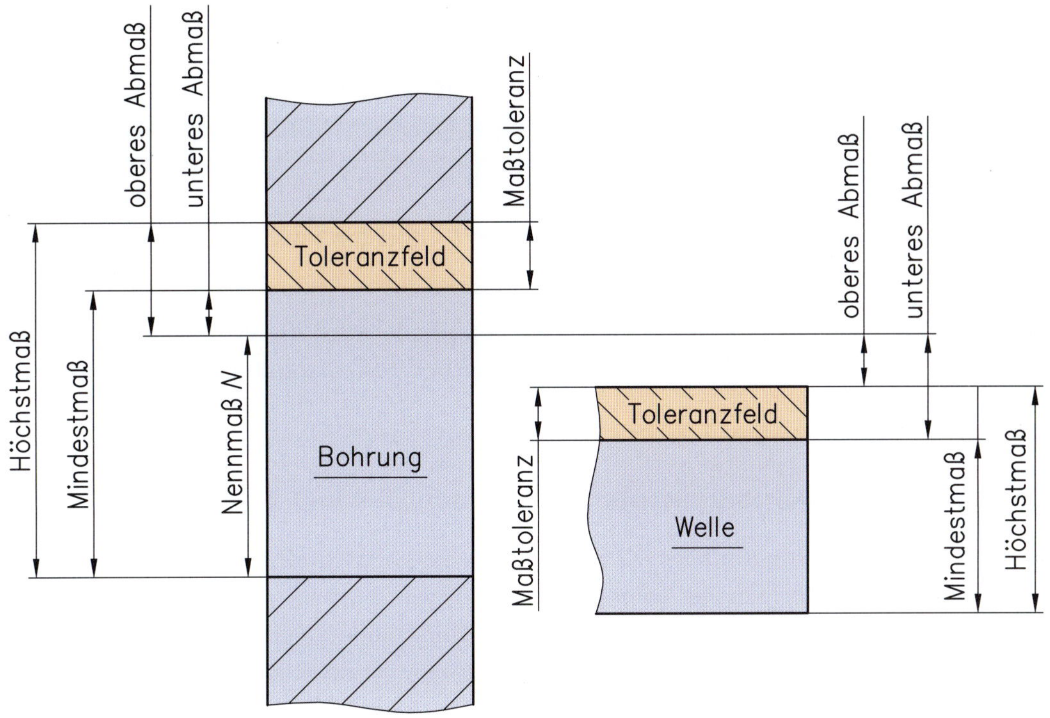

Nennmaß (*N*)

Das Maß, von dem die Grenzmaße mithilfe der oberen und unteren Abmaße abgeleitet werden.

Grenzmaße

Höchstmaß ($G_{ES,\ es}$): Größtes zugelassenes Maß (ergibt sich aus Nennmaß und oberem Abmaß).
Mindestmaß ($G_{EI,\ ei}$): Kleinstes zugelassenes Maß (ergibt sich aus Nennmaß und unterem Abmaß).

Grenzabmaße

Oberes Abmaß (*ES*, *es*): Differenz zwischen dem Höchstmaß und dem Nennmaß.
Unteres Abmaß (*EI*, *ei*): Differenz zwischen dem Mindestmaß und dem Nennmaß.

Anmerkung: Abmaße für Wellen werden mit Kleinbuchstaben (*es*, *ei*),
Abmaße für Bohrungen mit Großbuchstaben (*ES*, *EI*) gekennzeichnet.

Maßtoleranz (*T*)

Differenz von Höchstmaß und Mindestmaß bzw. zwischen oberem und unterem Abmaß.

Istmaß (*I*)

Als Ergebnis von Messungen festgestelltes Maß.

Eintragen der Grenzabmaße (DIN 406-12)

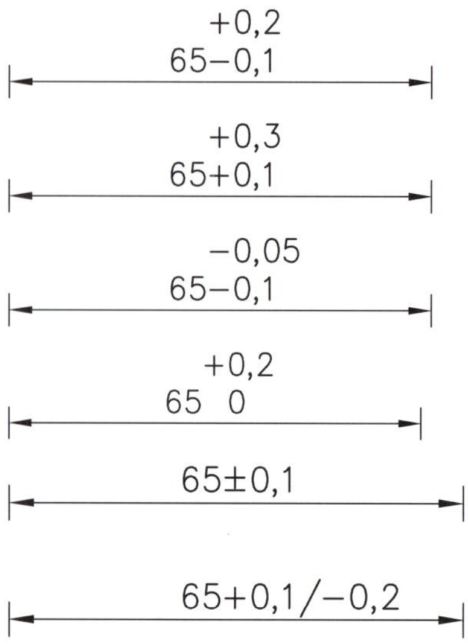

Abmaße sind hinter der Maßzahl (Nennmaß) einzutragen, wobei die Schriftgröße im Regelfall der des Nennmaßes entspricht.

Das obere Abmaß wird ohne Rücksicht auf das Vorzeichen höher, das untere Abmaß auf gleicher Höhe des Nennmaßes gesetzt.

Wenn eines der beiden Abmaße Null ist, darf dieses durch die Ziffer 0 angegeben werden.

Gleich große Abmaße setzt man nur einmal mit dem Vorzeichen ± hinter das Nennmaß auf dessen Zeile.

Es ist zulässig, Nennmaß und Abmaße in der gleichen Zeile, getrennt durch einen Schrägstrich, einzutragen.

Die Winkelangabe mit Abmaßen muss nicht bogenförmig erfolgen.

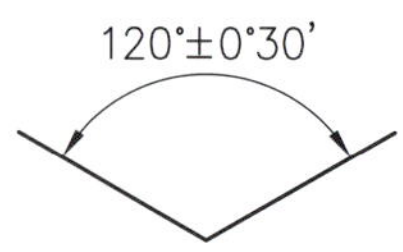

Wenn die Winkelnennmaße oder die Winkelabmaße Winkelminuten betragen, so kann vor der Winkelangabe 0° angegeben werden.

Toleranzangaben durch Allgemeintoleranzen nach DIN ISO 2768-1

Zulässige Abweichungen für Längenmaße, Rundungshalbmesser, Fasenhöhen und Winkelmaße ohne Toleranzangabe sind nach obiger Norm in vier Toleranzklassen

– entsprechend den betrieblichen Unterschieden (Fertigung) –

eingeteilt.

In Zeichnungen gibt man die gewählte Allgemeintoleranz entweder im oder neben dem Schriftfeld an. Eintragungsbeispiel für die gewählte Toleranzklasse (mittel):

ISO 2768 – m oder Allgemeintoleranz ISO 2768 – m

Unter Berücksichtigung von Geltungsbereich, Maßgröße und Toleranzklasse kann dann die zulässige Abweichung Tabellen entnommen werden.

Längenmaße (Auszug)

Toleranzklasse	Grenzabmaße in mm für Nennmaßbereich in mm					
	0,5 bis 3	über 3 bis 6	über 6 bis 30	über 30 bis 120	über 120 bis 400	über 400 bis 1000
f (fein)	±0,05	±0,05	±0.1	±0,15	±0,2	±0,3
m (mittel)	±0,1	±0,1	±0,2	±0,3	±0,5	±0,8
c (grob)	±0,2	±0,3	±0,5	±0,8	±1,2	±2
v (sehr grob)	-	±0,5	±1	±1,5	±2,5	±4

Rundungshalbmesser und Fasenhöhen (Auszug)

Toleranzklasse	Grenzabmaße in mm für Nennmaßbereich in mm		
	0,5 bis 3	über 3 bis 6	über 6
f (fein)	±0,2	±0,5	±1
m (mittel)			
c (grob)	±0,4	±1	±2
v (sehr grob)			

Winkelmaße (Auszug)

Toleranzklasse	Grenzabmaße in Winkeleinheiten für Nennmaßbereiche des kürzeren Schenkels in mm				
	bis 10	über 10 bis 50	über 50 bis 120	über 120 bis 400	über 400
f (fein)	±1°	±0°30'	±0°20'	±0°10'	±0°5'
m (mittel)					
c (grob)	±1°30'	±1°	±0°30'	±0°15'	±0°10'
v (sehr grob)	±3°	±2°	±1°	±0°30'	±0°20'

Angabe der Oberflächenbeschaffenheit (DIN EN ISO 1302)

In einer technischen Zeichnung ist neben der Werkstücksform und den Maßen auch die für die Funktion erforderliche Oberflächenbeschaffenheit anzugeben.
Dies geschieht durch Symbole und zusätzliche Zahlen- und Wortangaben.

Symbole

	Dieses Grundsymbol allein sagt nichts aus. Erst durch Zusatzangaben und Erklärungen kann es verschiedene Aussagen haben: a) **Spangebende oder spanlose Bearbeitung** ist freigestellt, b) **Vereinfachte Oberflächeneintragung**, um komplizierte Angaben zu vermeiden.
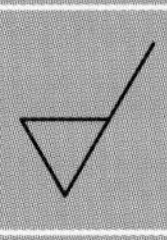	Dieses Symbol ist gültig, wenn eine **materialabtrennende** Bearbeitung erfolgen soll.
	So ein Symbol ist anzuwenden, wenn a) eine **spanlose** Bearbeitung gefordert wird (z. B. Schmieden, Walzen, Gießen), b) eine spangebend oder spanlos bearbeitete Fläche im Anlieferungszustand **belassen** werden soll.
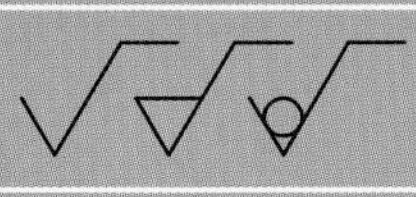	Die Symbole werden um eine waagerechte Linie erweitert, wenn bestimmte Zusatzanforderungen an die Oberfläche anzufügen sind.
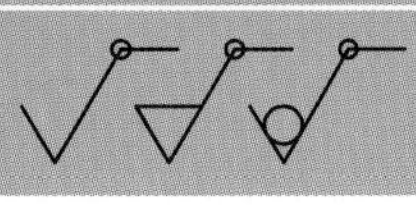	Wenn dieselbe Oberflächenbeschaffenheit für alle Oberflächen des Werkstücks erforderlich ist, wird dem Symbol mit waagerechter Linie ein Kreis hinzugefügt.

Symbolmaße

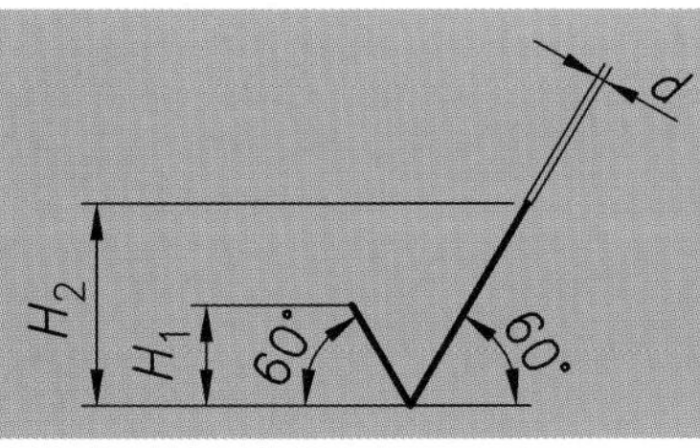

Höhe der Ziffern und Großbuchstaben *h*	3,5	5	7
Linienbreite *d'*	0,35	0,5	0,7
Höhe H_1	5	7	10
Höhe H_2	11	15	21

Symbole mit zusätzlichen Angaben

Arithmetischer Mittenrauwert Ra und **gemittelte** Rau**tiefe** in µm

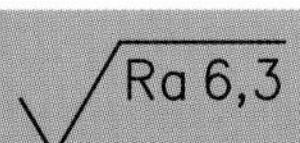	Freigestelltes Herstellverfahren (spanend oder spanlos) mit höchstzulässigem Ra-Wert 6,3 µm.
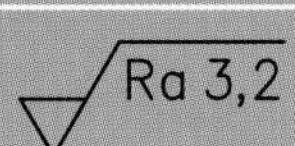	Spanend bearbeitete Oberfläche mit Ra max. 3,2 µm.
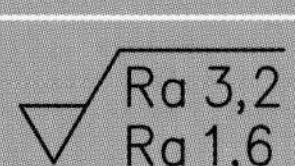	Spanend hergestellte Oberfläche mit Ra, max. 3,2 µm und Ra min. 1,6 µm.
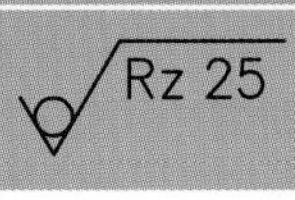	Spanlos gefertigte Fläche mit größter gemittelter Rautiefe Rz 25 µm.

Fertigungsverfahren, Oberflächenbehandlung oder Beschichtung

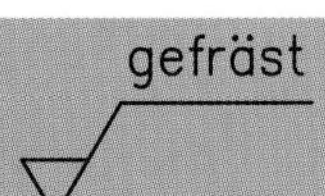	Spanend durch Fräsen hergestellte Oberfläche.
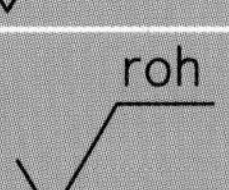	Unbearbeitete Oberfläche im Rohzustand.
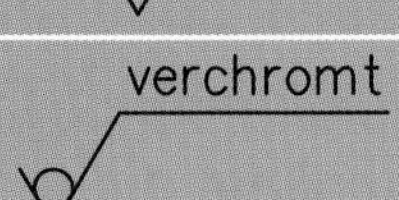	Spanlos bearbeitete Oberfläche mit galvanischem Chromüberzug.

Bearbeitungszugabe und Rillenrichtung

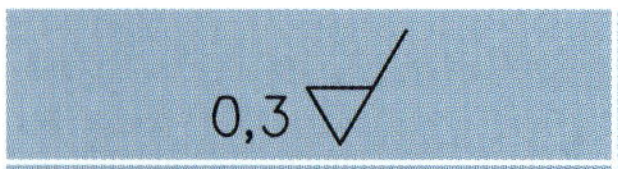	Bearbeitungszugabe: 0,3 mm
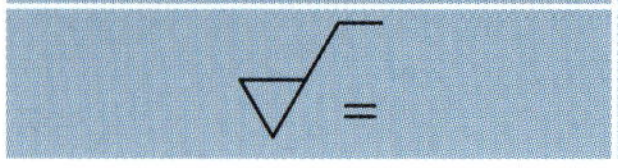	Rillenrichtung: parallel zur Projektionsebene der Ansicht.

Zusatzangaben und ihre Lage

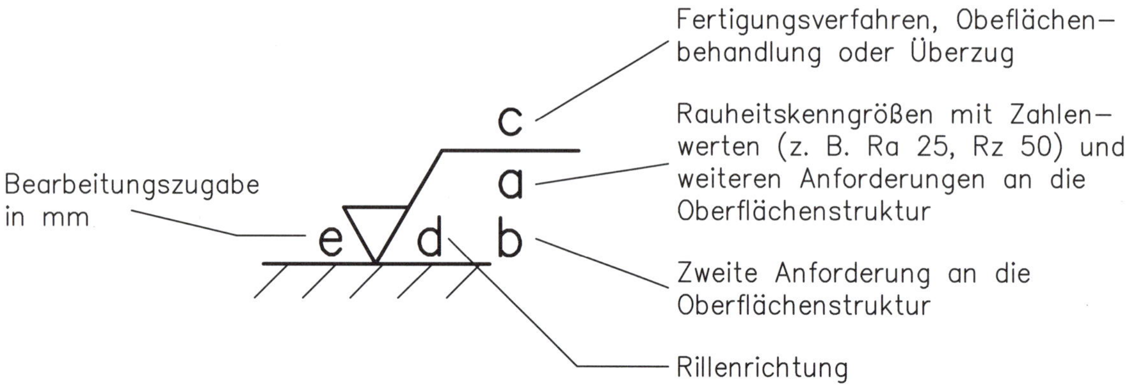

Vereinfachte Eintragung der Oberflächenangaben

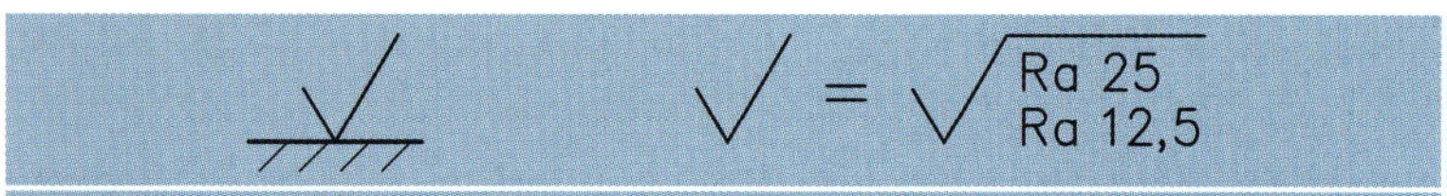	Bei umfangreichen Angaben oder bei Platzmangel kann eine vereinfachte Darstellung vorgenommen werden.
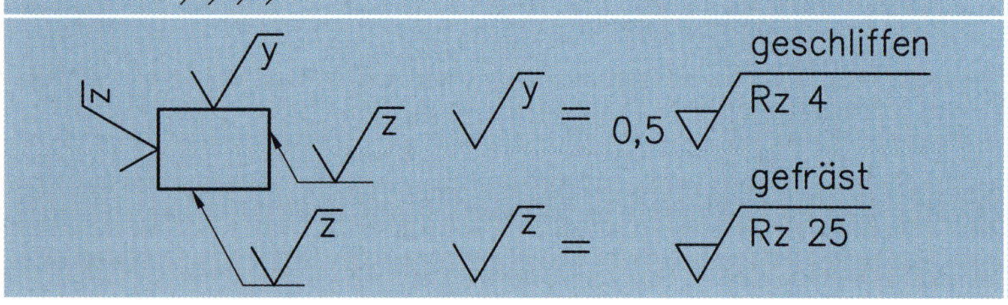	Die Bedeutung des vereinfachten Symbols wird an einer anderen Stelle der Zeichnung näher erklärt.

Symbole für Rilleneinrichtung

= 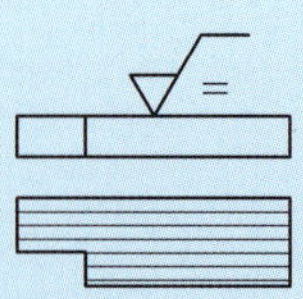 Parallel zur Projektionsebene der Ansicht	⊥ 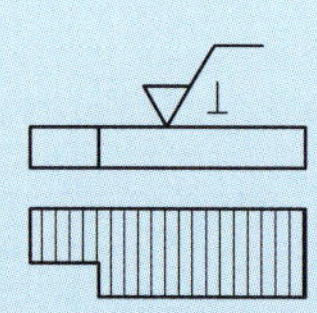 Senkrecht zur Projektionsebene der Ansicht	X 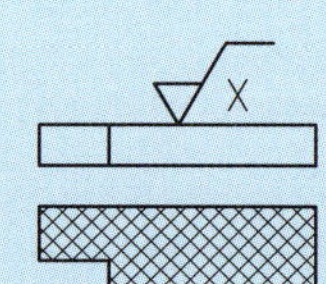 gekreuzt in schrägen Richtungen
M 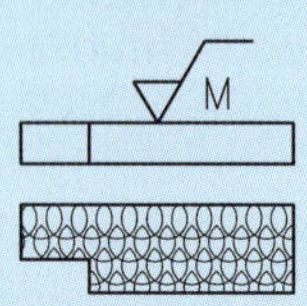 Viele Richtungen	C 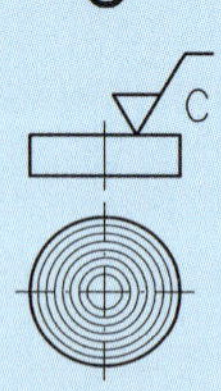 Annähernd zentrisch zum Mittelpunkt der Oberfläche	R 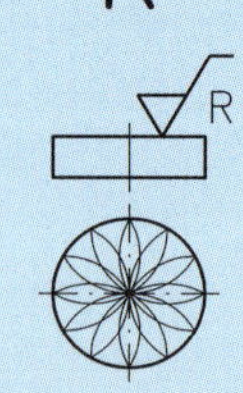 Annähernd radial zum Mittelpunkt der Oberfläche
	P 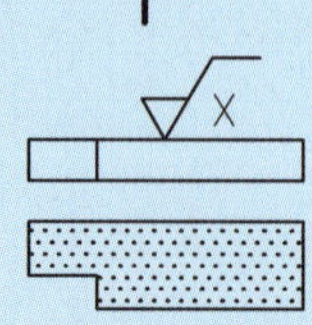 Nichtrillige, ungerichtete oder muldige Oberfläche	

Angaben in Zeichnungen

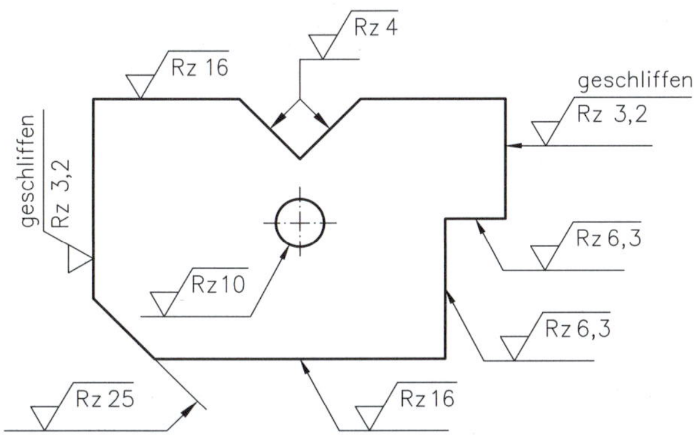

Die Symbole und Zusatzangaben sind so anzuordnen, dass sie von unten oder von rechts lesbar sind. Um diese Schreibweise zu ermöglichen, kann das Symbol mit der Oberfläche durch eine Bezugslinie mit Hinweispfeil verbunden werden.

Das Symbol oder der Hinweispfeil sollen von außen (Bearbeitungsseite) auf die Fläche zeigen, entweder direkt auf die Werkstückkante oder auf deren Verlängerung.

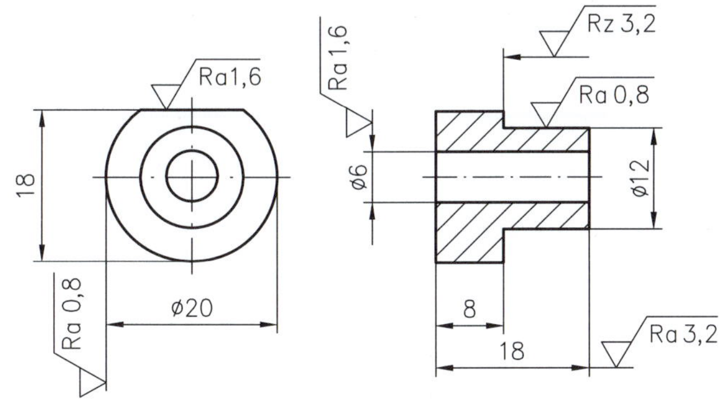

Das Symbol ist bei Teilen mit mehreren Ansichten nur einmal einzutragen, möglichst bei der Ansicht, in der die betreffende Fläche bemaßt ist.
Bei Eindeutigkeit einer Oberflächenangabe, darf die Rauheitsangabe auf die Maßlinie oder deren Verlängerung gesetzt werden.

Bei Teilen mit einheitlicher Oberflächenbeschaffenheit genügt nur eine Oberflächeneintragung

- entweder in der Nähe der Zeichnung,
- oder hinter die Positionsnummer.

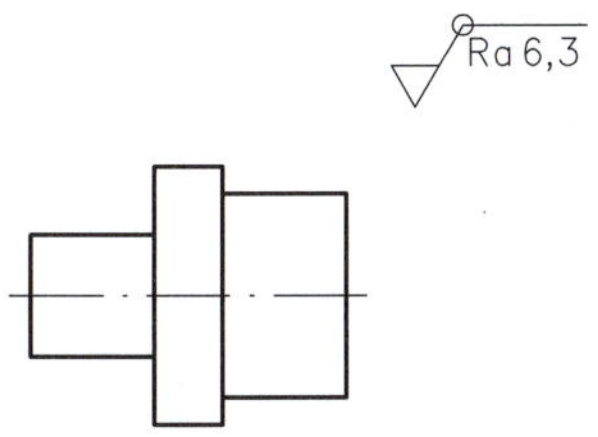

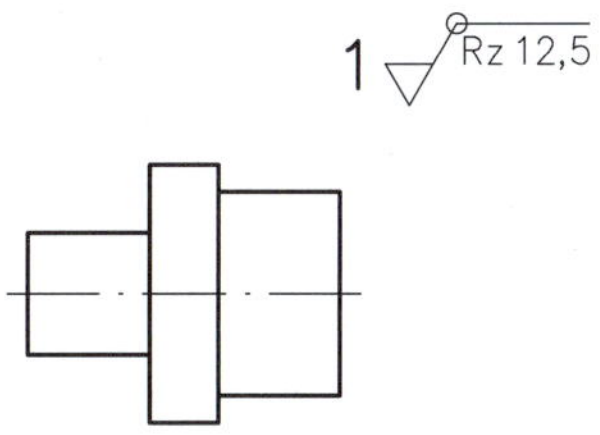

Unterscheidet sich bei einem Werkstück die Beschaffenheit einiger Oberflächen von der Mehrzahl der Oberflächen, so gibt es zwei Möglichkeiten der Eintragung:
a) in Darstellungsnähe oder hinter der Pos.-Nr. bei mehreren Werkstücken in einer Zeichnung,
b) in Nähe des Schriftfeldes bei einer einzelnen Werkstückdarstellung.
In beiden Fällen ist die Oberflächenangabe für die Mehrzahl der Oberflächen anzugeben, dazu folgt

- ein in Klammern gesetztes Grundsymbol,
- oder die in Klammern gesetzten Symbole für die abweichenden Oberflächen.

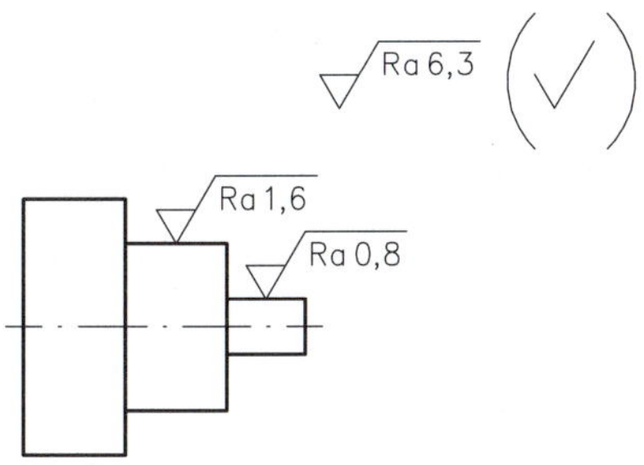

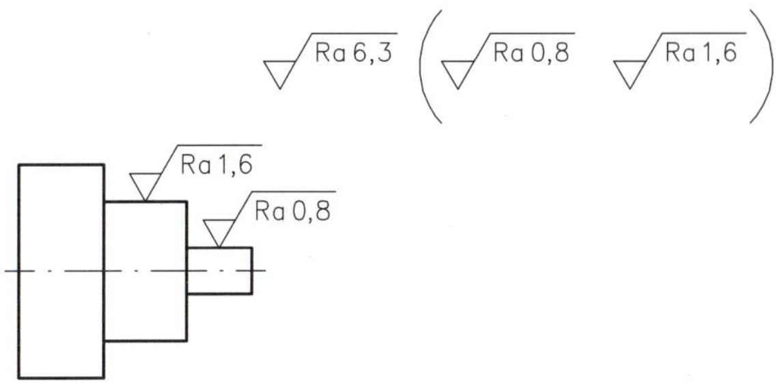

Die von der allgemeinen Oberflächenbeschaffenheit abweichenden Oberflächen müssen in der Werkstückdarstellung mit Symbolen versehen werden.

Merke ■ **Oberflächenangaben sind nur dann zu machen, wenn diese auch erforderlich sind. Eine Angabe der Oberflächenbeschaffenheit ist nicht notwendig, wenn die üblichen Fertigungsverfahren einen ausreichenden Zustand der Oberfläche gewährleisten. Zu solchen Oberflächen zählen z. B. gegossene, geschmiedete, gestanzte, gewalzte, stranggepresste oder blankgezogene Flächen.**

Zylinderschnitte – Übersicht

Je nach Lage des Schnittes zur Zylinderachse entstehen verschiedene Schnittflächen.

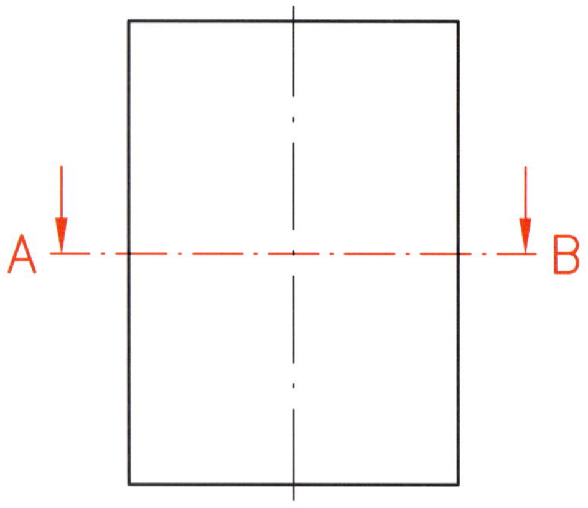

Zylinder senkrecht zur Zylinderachse geschnitten, ergibt einen **Kreis**.

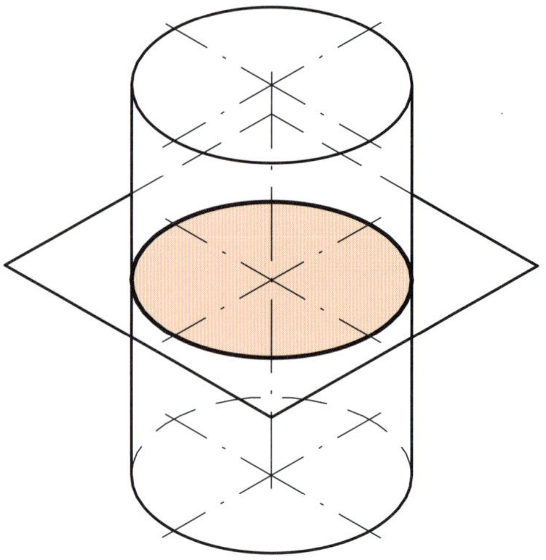

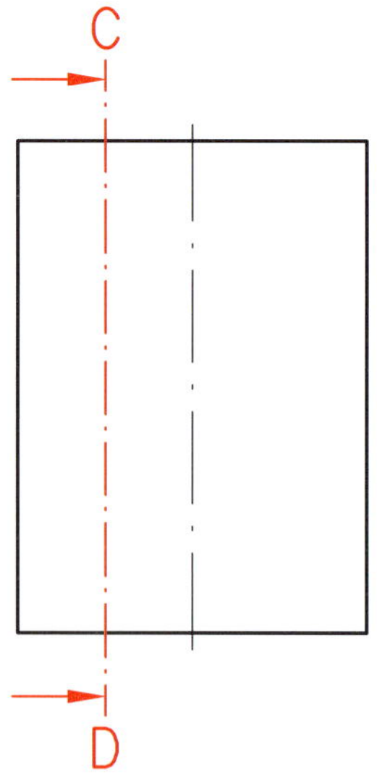

Zylinder parallel zur Zylinderachse geschnitten, ergibt ein **Rechteck**.

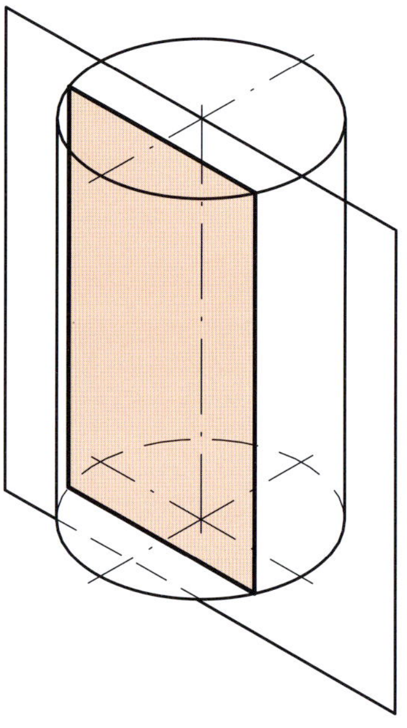

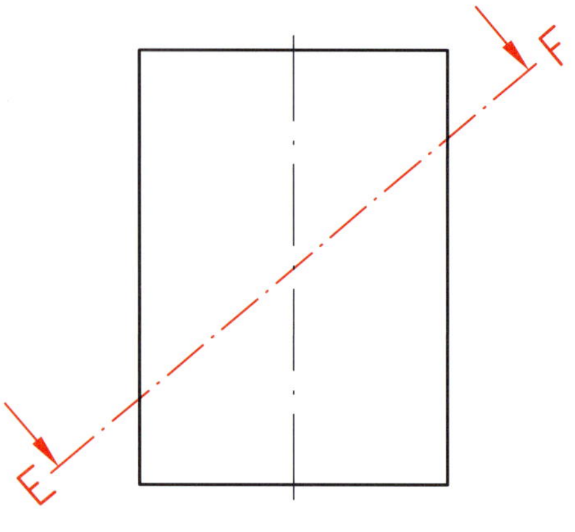

Zylinder schräg zur Zylinderachse geschnitten, ergibt eine **Ellipse**.

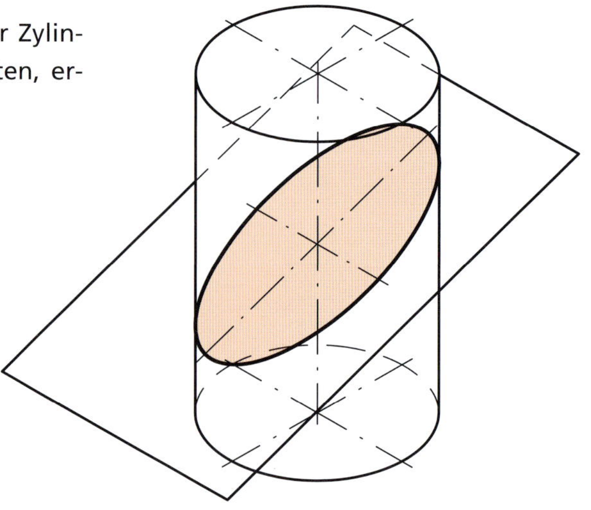

Einfache Zylinderschnitte (Zylinderabflachungen)

Abflachung vor der Mittellinie

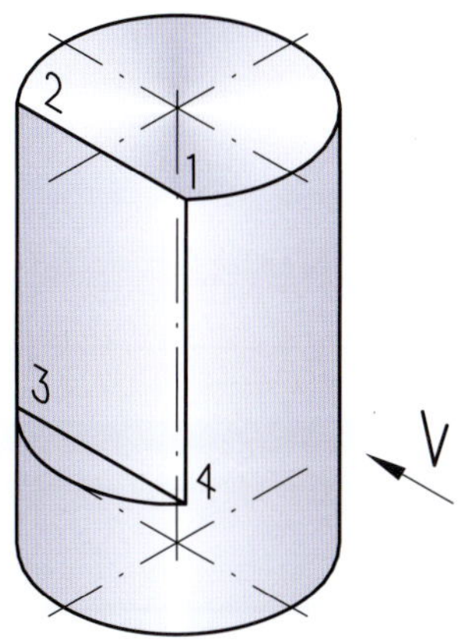

Zylindrische Werkstücke werden durch Feilen, Hobeln, Stoßen, Fräsen meist weiter bearbeitet, z. B.:

Das zylindrische Werkstück erhält eine Abflachung.

Es wird **parallel und senkrecht** zur Zylinderachse geschnitten.

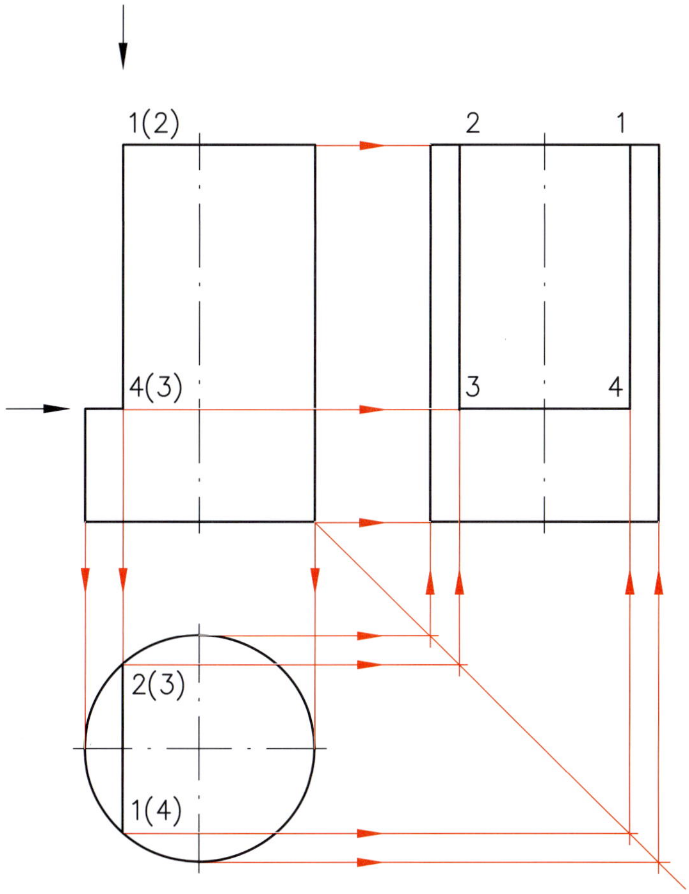

Die Breite des in der Seitenansicht durch den Schnitt entstehenden Rechtecks wird aus der Draufsicht entnommen.

Die Höhe des Rechtecks wird aus der Vorderansicht übertragen.

Dieses Rechteck wird nicht bemaßt, da für die Herstellung in der Vorderansicht die Breite und Schnitttiefe ausschlaggebend sind.

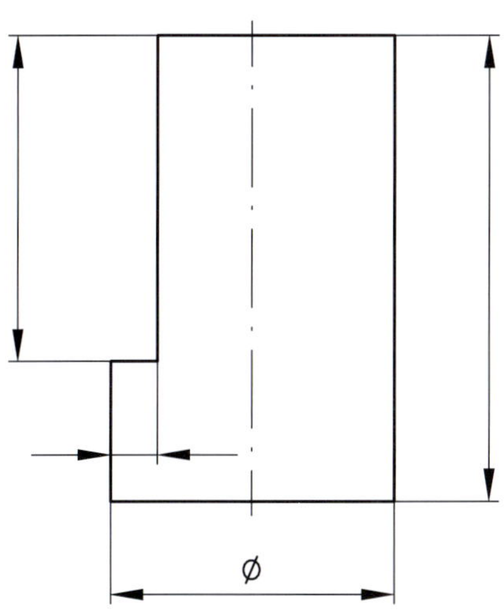

Zur vollständigen Bemaßung sind noch der Durchmesser und die Höhe des Zylinders einzutragen.

Abflachung über Mitte

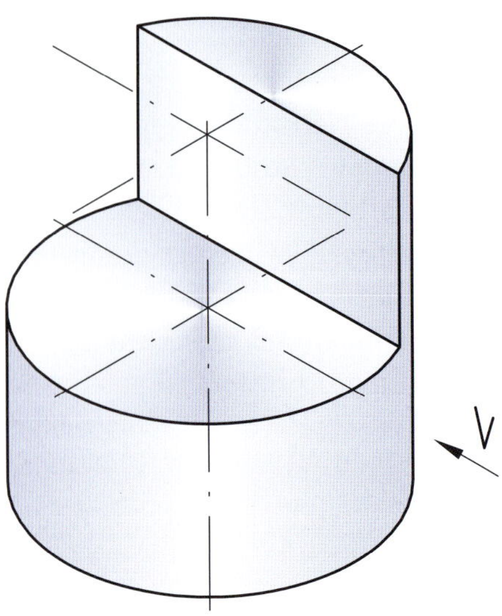

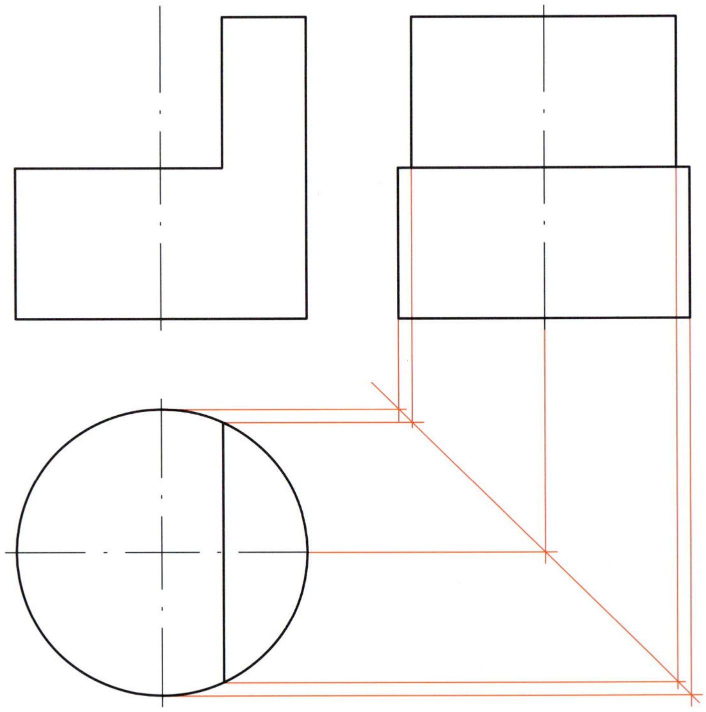

Schlüsselweite (SW)

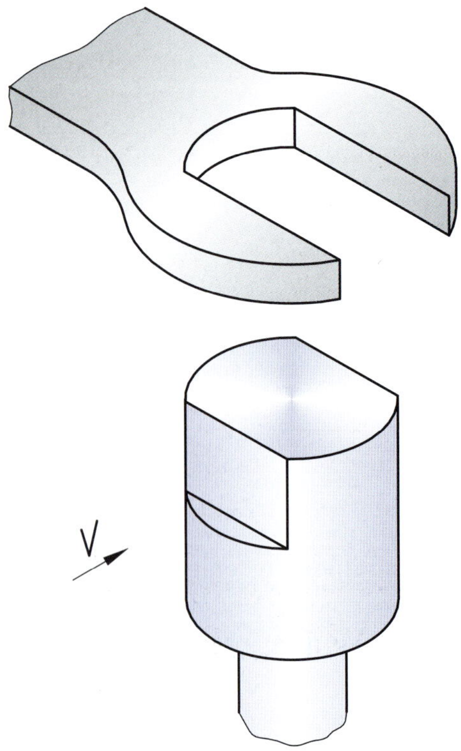

Das **Diagonalkreuz** (in schmaler Volllinie) kennzeichnet **eine ebene Fläche** am Zylinder.
Wird ein solches Werkstück in nur einer Ansicht dargestellt, muss ein Diagonalkreuz gezeichnet werden.

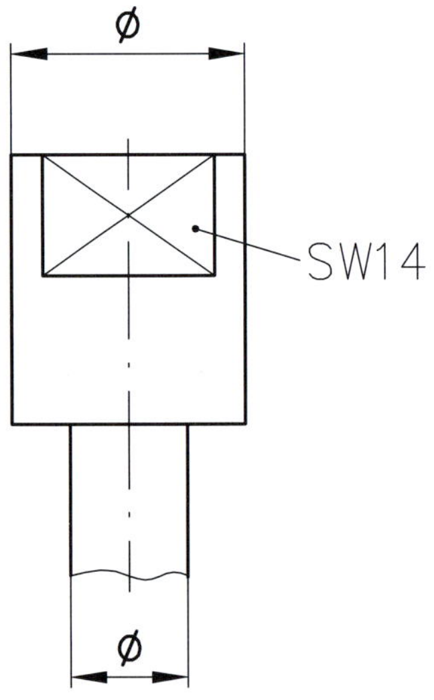

Zylinderausschnitt

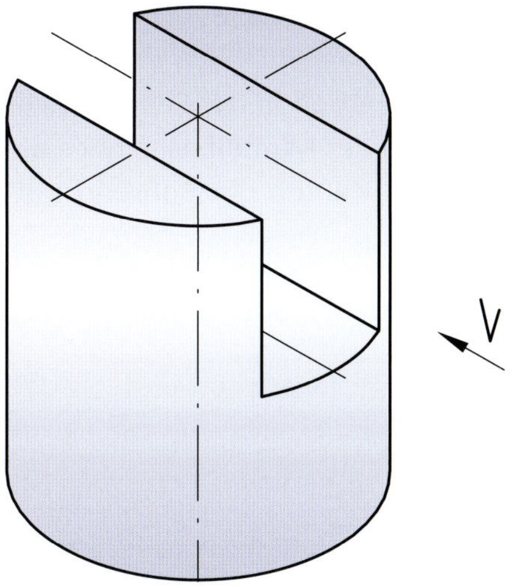

Beispiel
Zylinder mit Nut

Der Zylinder wird wieder parallel und senkrecht zur Drehachse geschnitten.

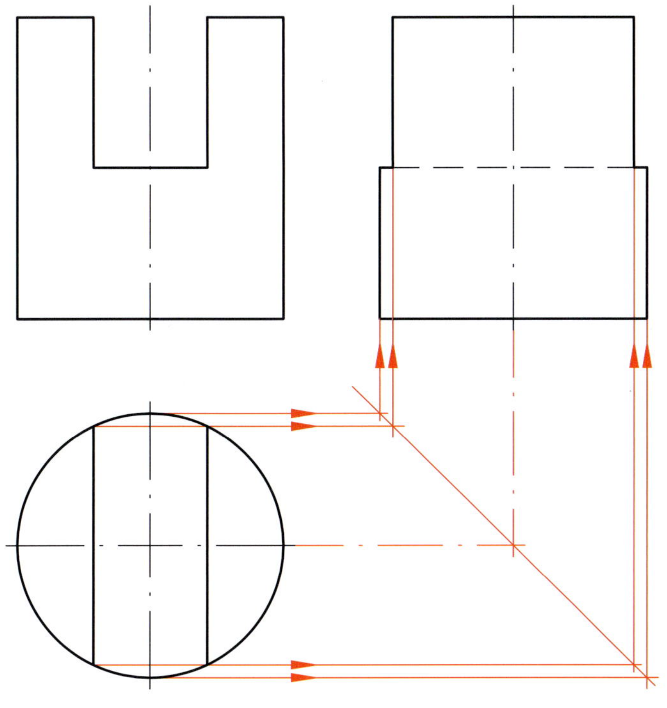

Das Maß für die zurückspringenden Kanten in der Seitenansicht wird ebenfalls aus der Draufsicht übertragen.

Die zurückspringenden Kanten werden nicht bemaßt; sie ergeben sich bei der Bearbeitung zwangsläufig.

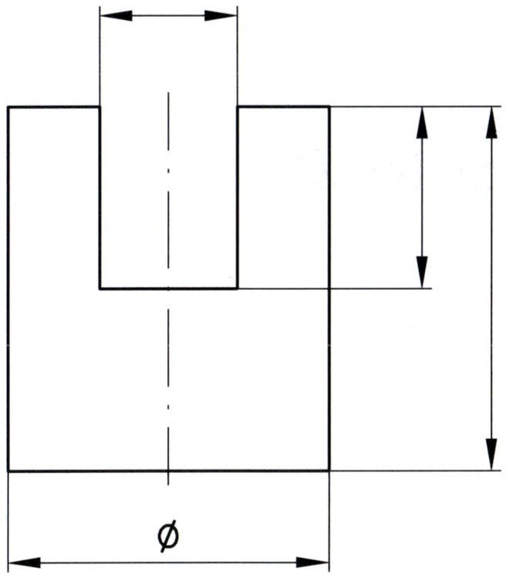

Als Maße sind hier – neben dem Durchmesser und der Höhe des Zylinders -- die Breite und Tiefe der Nut einzutragen.

Hohlzylinder mit Durchbruch

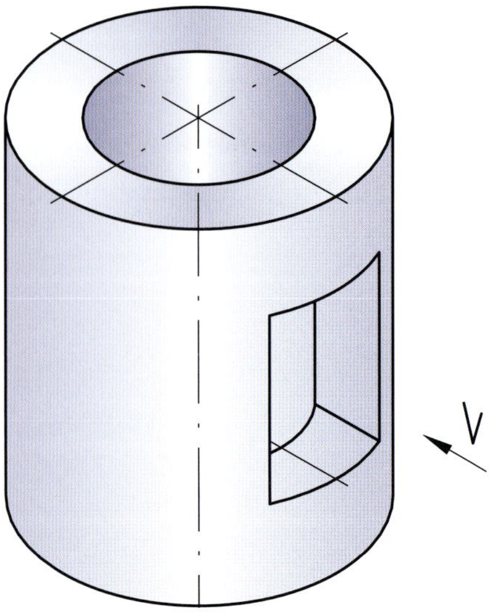

Beispiel

Hohlzylinder mit Durchbruch

Beim Hohlzylinder mit Durchbruch werden in der Seitenansicht neben zurückspringenden Kanten an der Mantelfläche noch zusätzlich zurückspringende verdeckte Kanten der Bohrung notwendig.

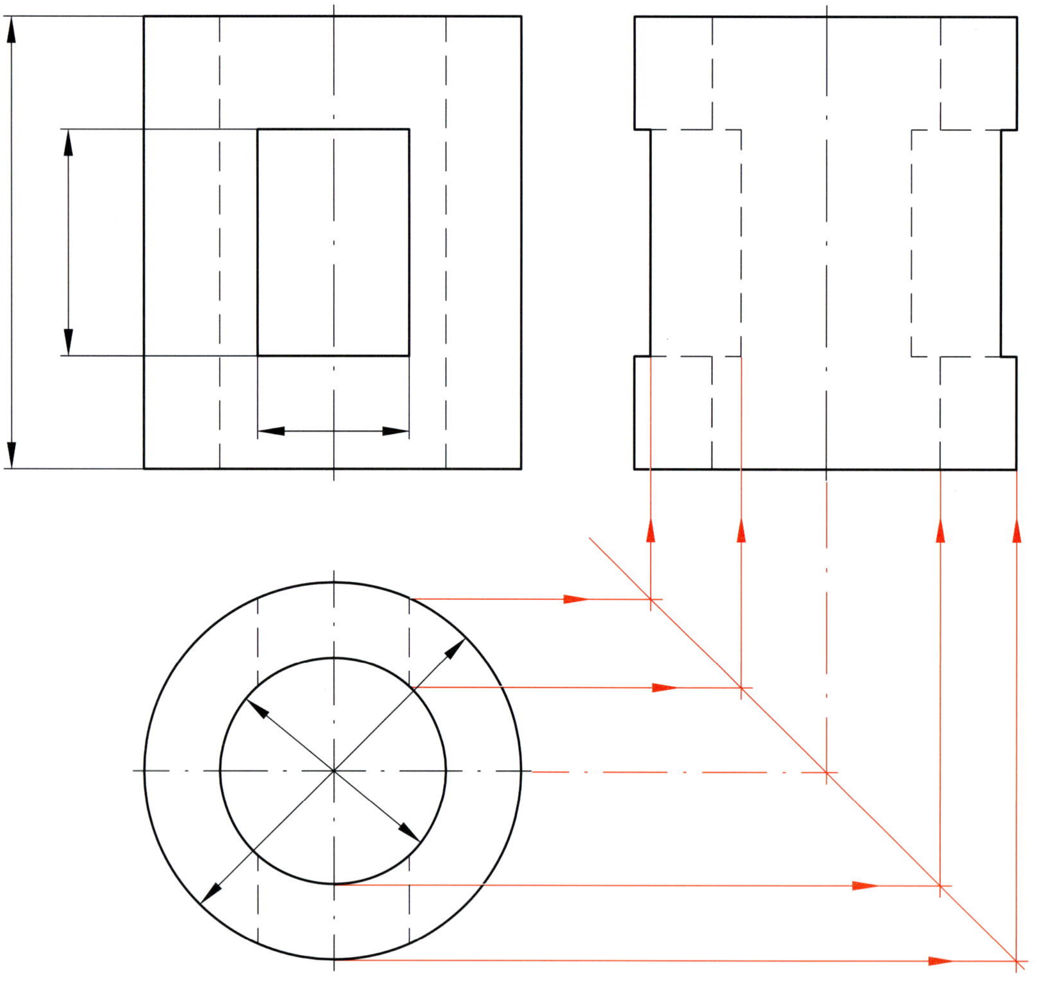

Zylinder schräg geschnitten

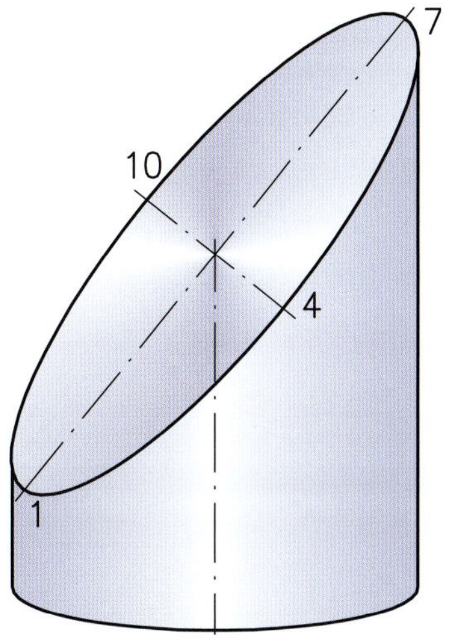

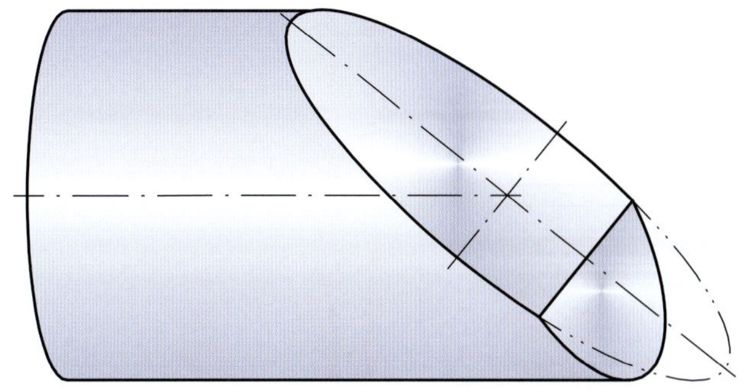

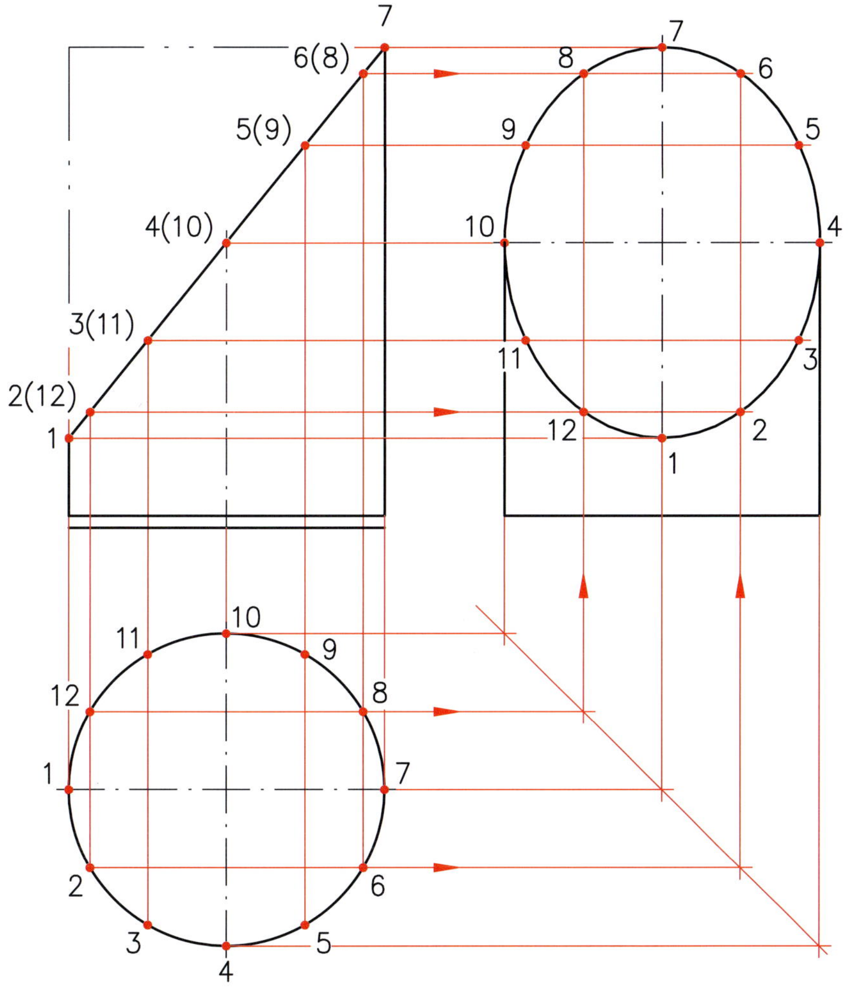

Arbeitsablauf

1. Kreis in zwölf gleiche Teile einteilen und nummerieren.
2. Mantellinien vom Kreis aus in die Vorderansicht und Seitenansicht zeichnen.
   Durch den schrägen Schnitt zur Achse werden die Mantellinien geschnitten.
3. Von den Schnittpunkten der Vorderansicht Projektionslinien in die Seitenansicht zeichnen, die sich mit den entsprechenden Mantellinien dort schneiden.
4. Schnittpunkte der Seitenansicht mit dem Kurvenlineal verbinden.
   Die Schnittfläche ist die **Ellipse**.

Hinweis

Wird der Zylinder unter 45° zur Achse geschnitten, so erscheint die Schnittfläche (Ellipse) in der Seitenansicht des Kreises.

Ist der Winkel kleiner als 45°, ist die Ellipse in der Seitenansicht gestaucht; bei einem Winkel größer als 45° ist die Ellipse in der Seitenansicht gestreckt.

7 Schnittdarstellungen (DIN ISO 128-40)

Vollschnitt

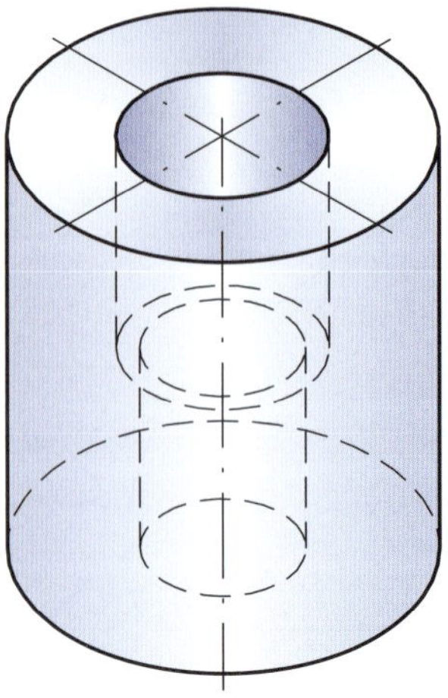

Hohlkörper (z. B. Werkstücke mit Bohrungen und Durchbrüchen) werden im Schnitt dargestellt, um die innere Form besser zu verdeutlichen.

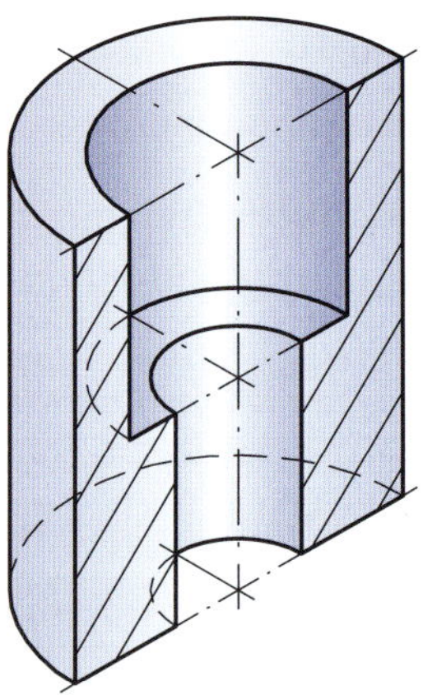

Beim Vollschnitt denkt man sich die vordere Werkstückhälfte (Teil des Werkstückes vor der Schnittebene) entfernt.

Es wird nur die hintere Hälfte gezeichnet.

Die durch den Schnitt sichtbar werdenden inneren Körperkanten sind als breite Volllinien zu zeichnen.

Alle Flächen, die in der Schnittebene liegen, werden schraffiert. Hohlräume dagegen nicht (siehe Beispiel).

Zylindrischer Körper im Vollschnitt mit Bemaßung

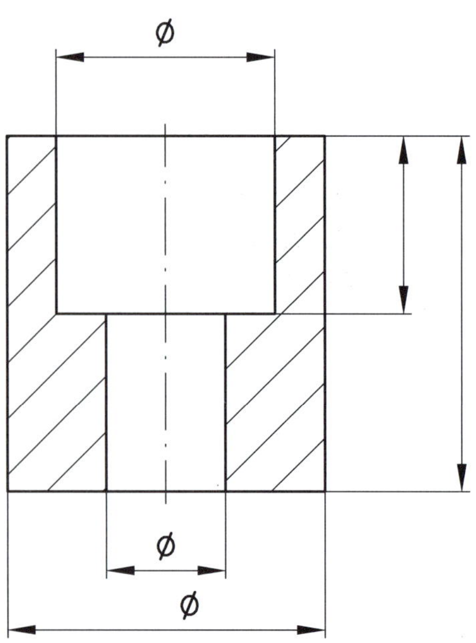

Die Schraffurlinien sind schmale Volllinien und werden unter 45° zur Achse oder Körperkante in gleichmäßigem Abstand gezeichnet.

Der Abstand richtet sich nach der Größe der zu schraffierenden Schnittfläche.

Verdeckte Körperkanten werden in Schnittdarstellungen möglichst *nicht* gezeichnet.

Halbschnitt

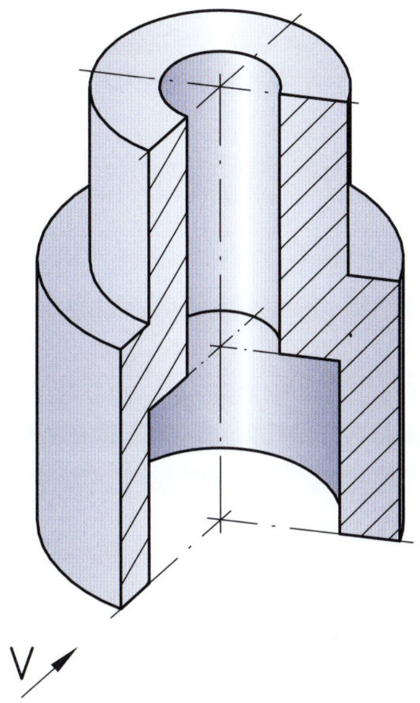

Der Halbschnitt wird bevorzugt bei symmetrischen (spiegelbildlichen) Hohlkörpern angewendet.

Das symmetrische Werkstück wird dabei halb im Schnitt und halb in Ansicht dargestellt.

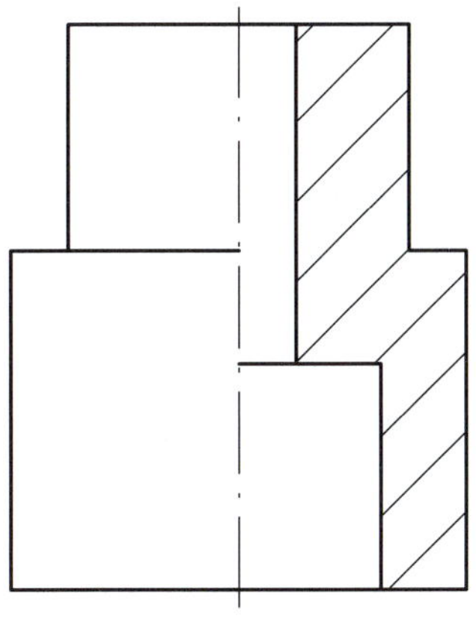

Die Schnittfläche verdeutlicht die innere Form (innere Kanten), während die Ansichtsfläche die äußere Form (Außenkanten) aufzeigt.

Die gedankliche Trennlinie zwischen Schnitt und Ansicht ist die Mittellinie (Strichpunktlinie).

Bei senkrechter Mittellinie wird die rechte Hälfte, bei waagerechter Mittellinie wird die untere Hälfte geschnitten.

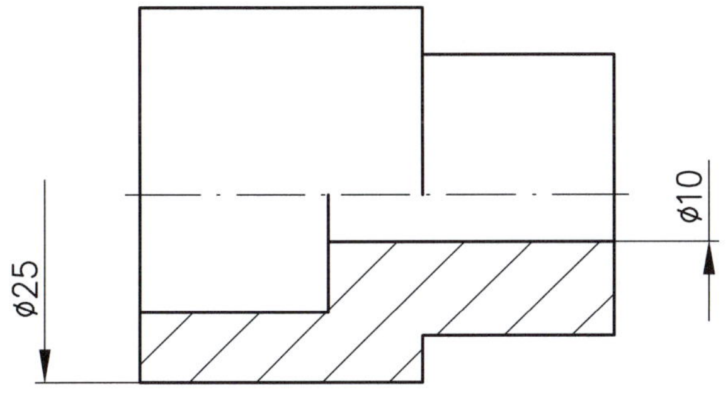

Wird das im Halbschnitt gezeichnete Werkstück bemaßt, so ist in der Ansichtshälfte der Maßpfeil und die Maßhilfslinie bei Innendurchmessern wegzulassen.

Teilschnitt

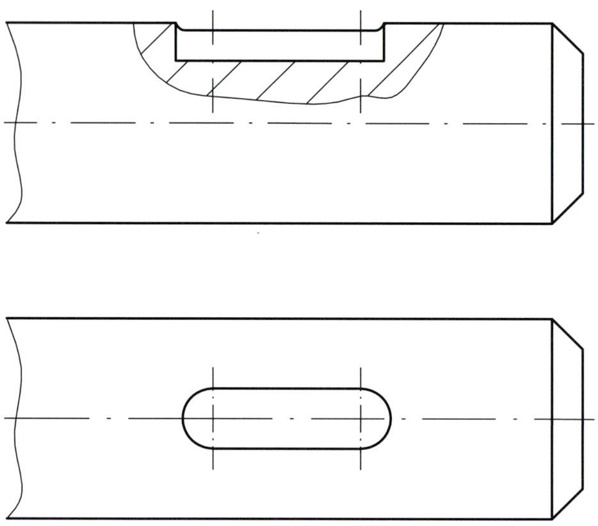

Beim Teilschnitt wird nur ein Teil des Werkstückes geschnitten dargestellt.

Oft wird der Teilschnitt auch als Ausbruch bezeichnet.

Die Bruchfläche wird durch eine schmale Freihandlinie begrenzt, die jedoch nicht mit einer Körperkante oder Mittellinie zusammenfallen darf.

Beispiel

Werkstück mit Bohrung im Teilschnitt mit Bemaßung.

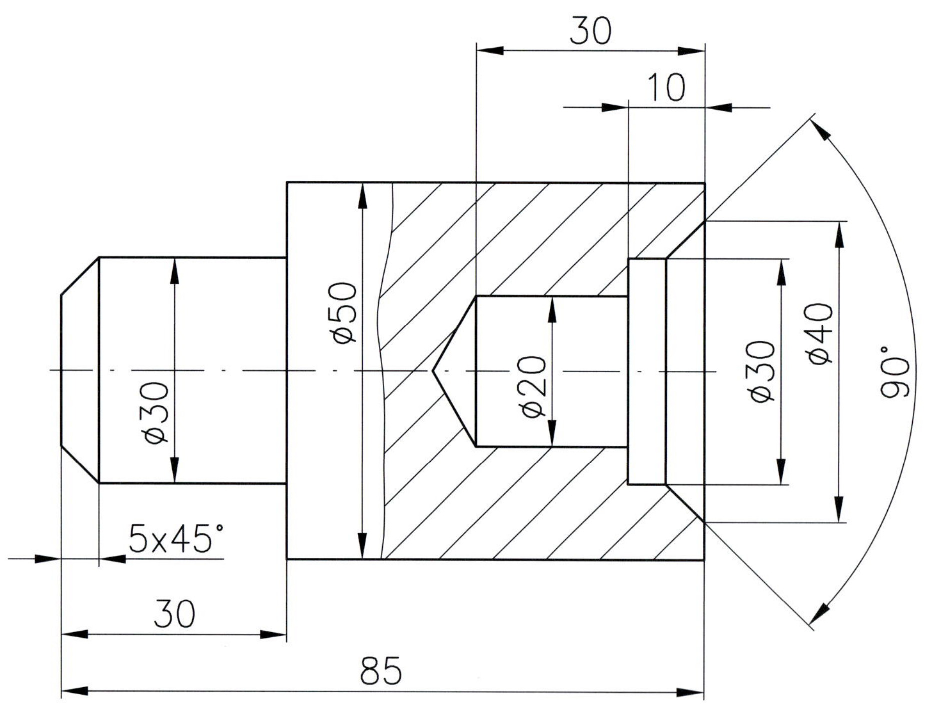

Schnitte in mehreren Ebenen (DIN ISO 128-44)

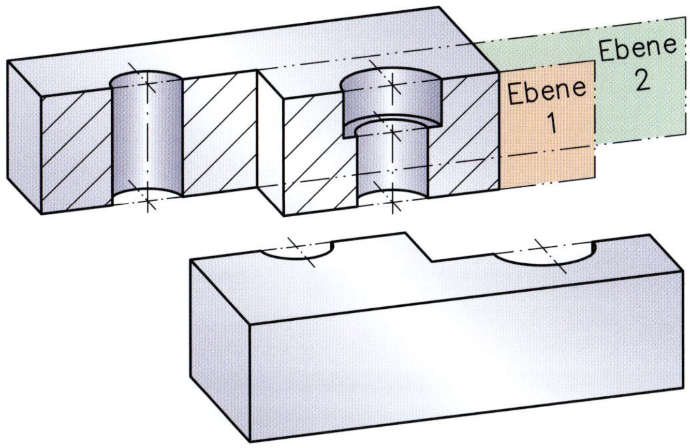

Um mehrere Hohlräume zu erfassen, können Schnitte durch mehrere Ebenen geführt werden.

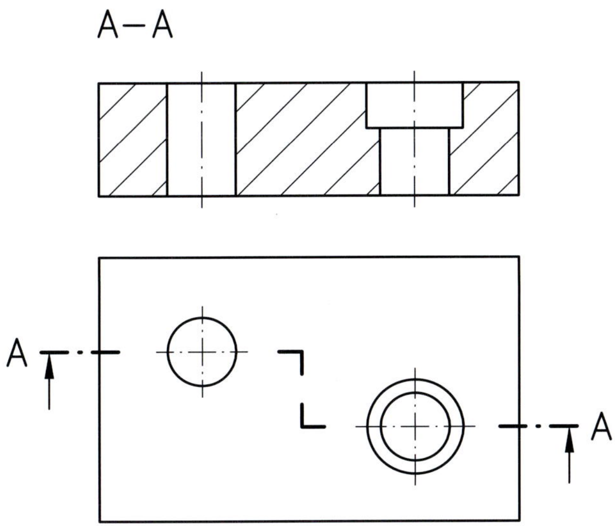

Der Schnittverlauf wird durch breite Strich-Punktlinien gekennzeichnet, welche außerhalb des Zeichnungsbildes beginnen und etwas in das Werkstück hineinragen. Der Verlauf auf der Gegenseite ist spiegelbildlich.

Knicke im Schnittverlauf werden dagegen durch kurze breite Volllinien angedeutet.

Die Blickrichtung auf den Schnitt wird durch Pfeile – mit Spitze auf die Strich-Punktlinie – angegeben.

Die Schnittverlaufslinie ist mit zwei gleichen Großbuchstaben zu versehen, die an den Anfang und an das Ende mittig zur Verlaufslinie gesetzt werden. Diese sind eine Schriftgröße größer als die Bemaßung zu wählen.

Über die im Schnitt dargestellte Ansicht ist außerdem eine entsprechende Angabe „A – A" zu setzen.

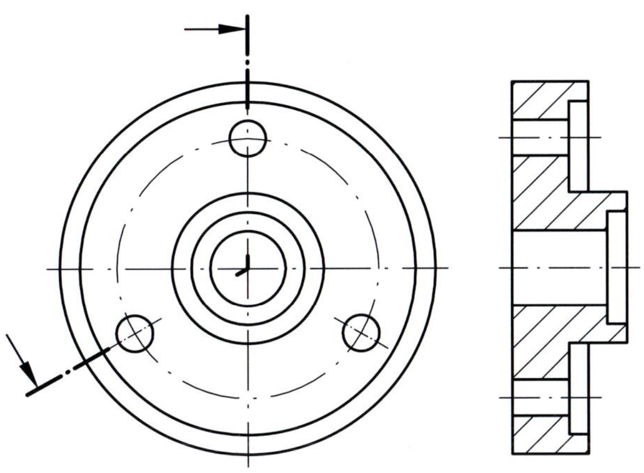

Liegen zwei Schnittebenen winkelig zueinander, so wird der Schnitt so gezeichnet als lägen die beiden Schnittflächen in einer Zeichenebene.

Die Schnittkennzeichnung mit Großbuchstaben kann nach der Norm entfallen.

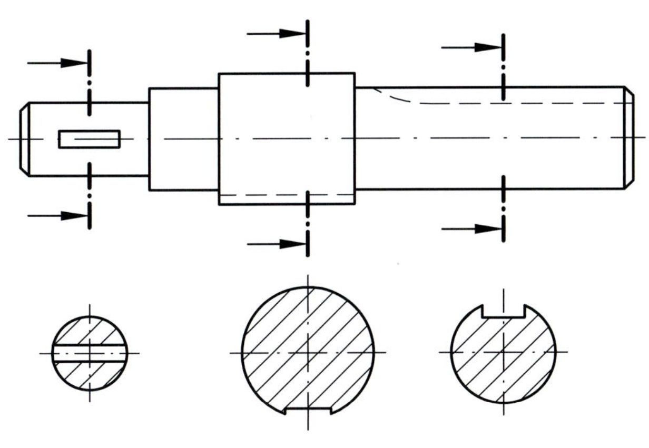

Aufeinander folgende Schnitte können abweichend von der normalen Anordnung direkt unter ihren Schnittebenen ohne Buchstaben-Kennzeichnung dargestellt werden. Dahinter liegende sichtbare Kanten (s. 1. Schnitt) brauchen nicht gezeichnet zu werden.

Allgemeine Regeln für Schnitte

Zusammentreffen mehrerer Schnittflächen

Treffen die Schnittflächen mehrerer Teile zusammen, so werden die verschiedenen Schnittflächen **entgegengesetzt** und meist auch mit verschieden großen Schraffurlinienabständen schraffiert.

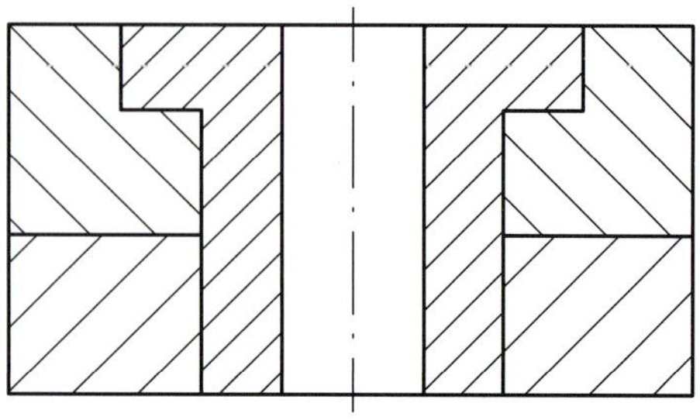

Schmale Flächen lassen sich nicht schraffieren, sie werden durchgehend geschwärzt.
Zwischen mehreren geschwärzten Flächen ist ein geringer Abstand zu halten.

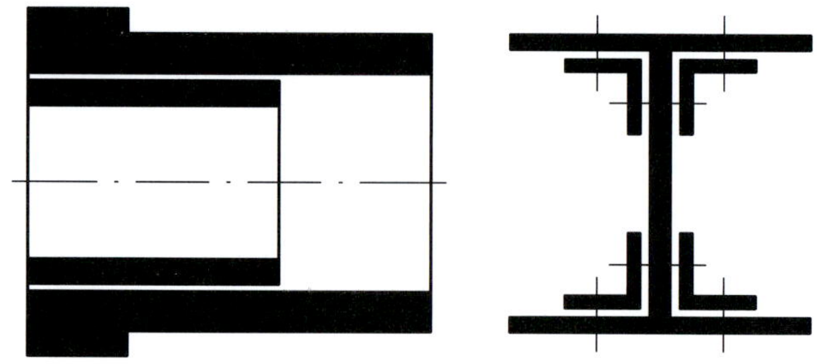

Besonderheiten der Schnittdarstellung

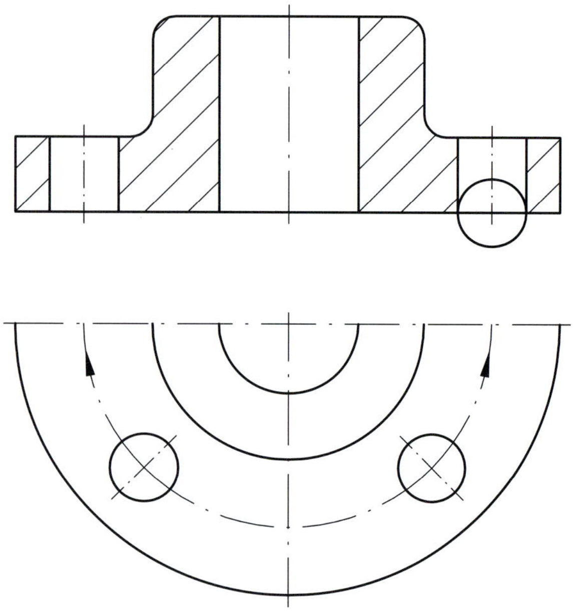

Liegen z. B. die Schraubenlöcher eines Flansches nicht in der Schnittebene, so werden sie, um halbe Bohrungen zu vermeiden, in die Zeichenebene (Schnittebene) gedreht.

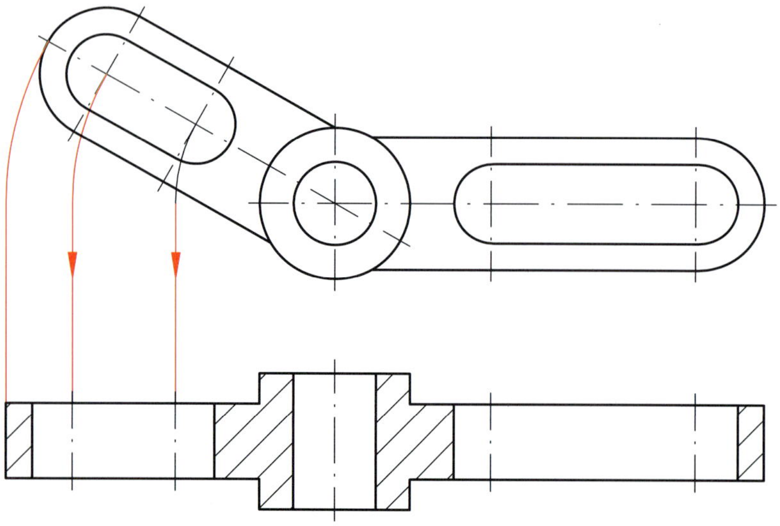

Bei winkeligem Schnittverlauf geht man gleichermaßen vor.

Bruchkanten

Um Platz zu sparen, dürfen Werkstücke abgebrochen oder unterbrochen dargestellt werden. Die Bruchkanten werden durch Freihandlinien oder durch Zickzacklinien (schmale Volllinie) gekennzeichnet. Dies gilt auch für rotationssymmetrische Körper.

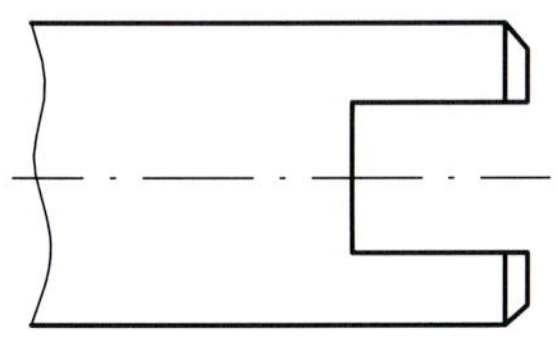

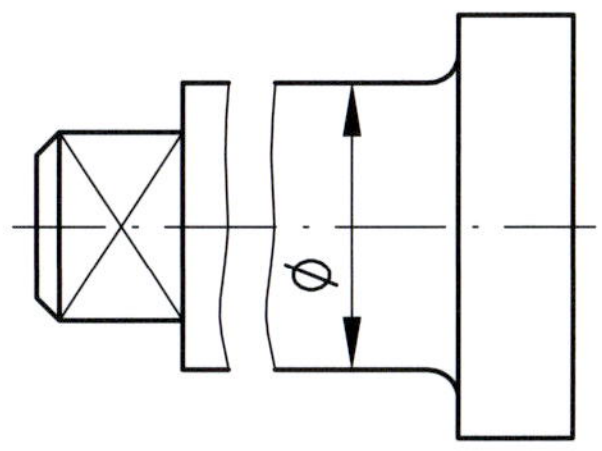

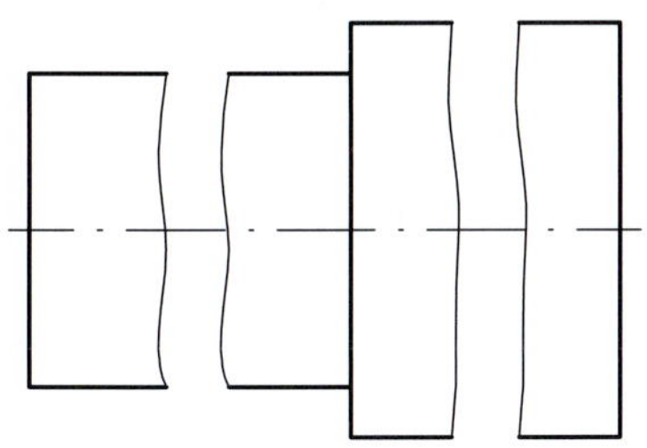

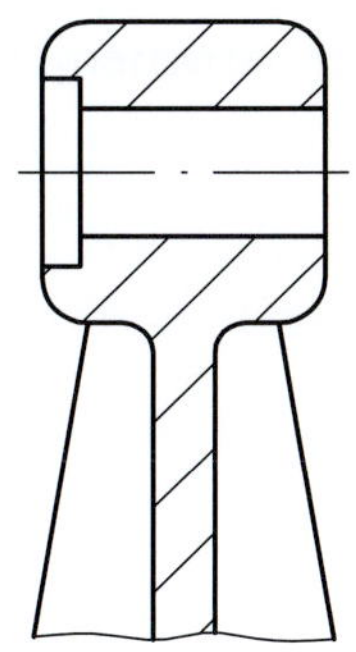

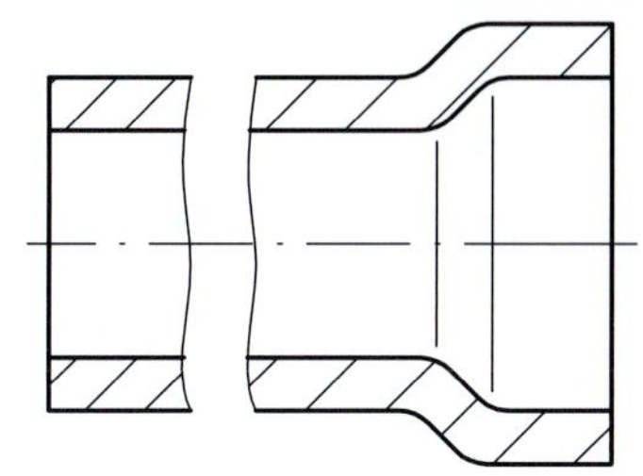

Eingeklappte Querschnitte

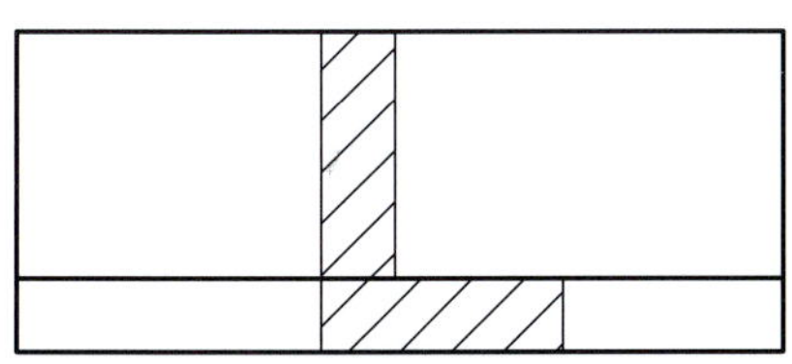

Einfache Querschnitte können innerhalb einer Ansicht um 90° in die Zeichenebene geklappt werden.
Die Schnittfläche wird in schmaler Volllinie gezeichnet.

Teile, die nicht im Schnitt dargestellt werden

Es gibt Teile (Normteile), die nicht im Schnitt dargestellt werden, auch wenn sie in der Schnittebene liegen.

Beispiel
Schrauben, Muttern, Niete, Stifte, Wellen und Bolzen, Passfedern, Keile, Wälzlagerkörper, Kettenglieder und Handgriffe, Rippen und Speichen.

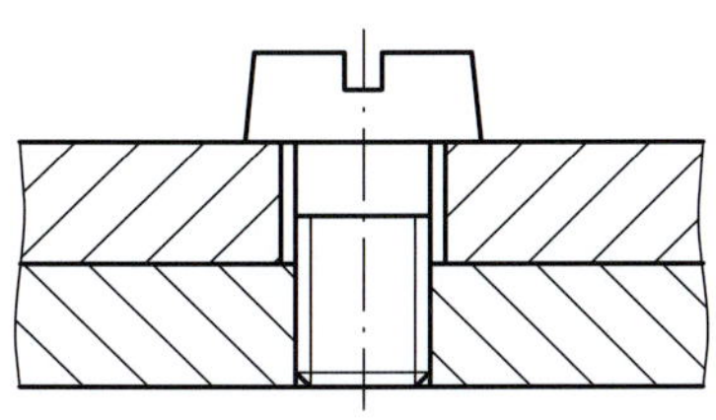

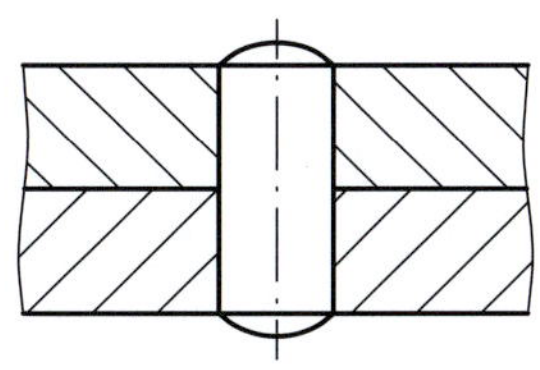

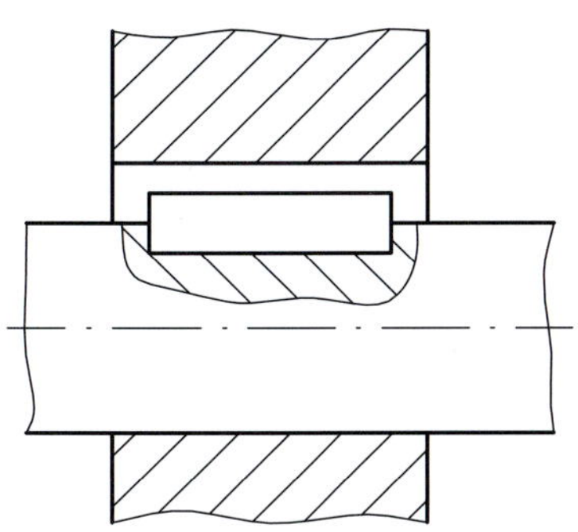

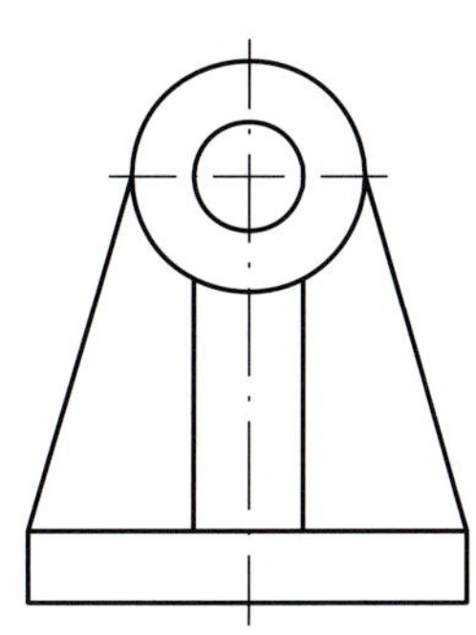

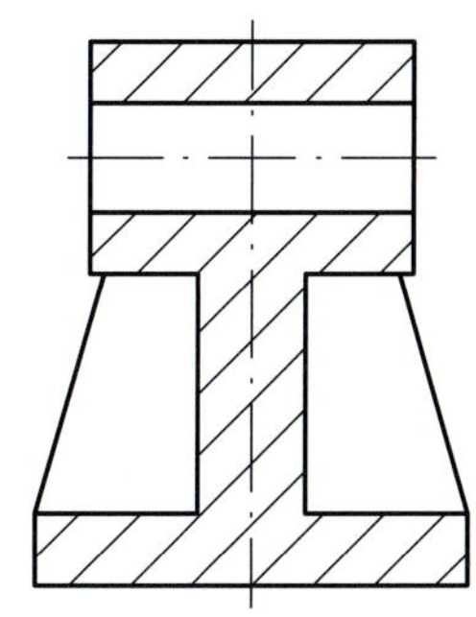

8 Schraubverbindungen (DIN ISO 6410-1)

Außengewinde

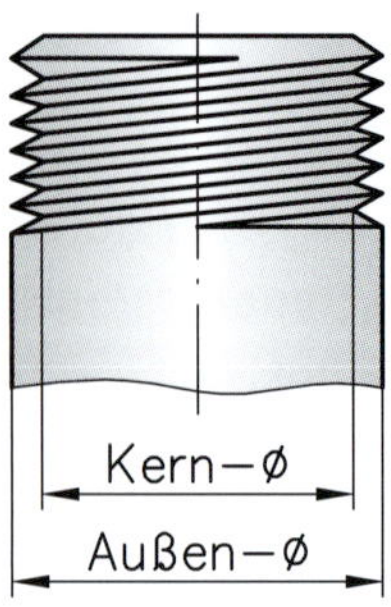

Früher war es üblich, bei einem Außengewinde die einzelnen Gewindegänge zu zeichnen.

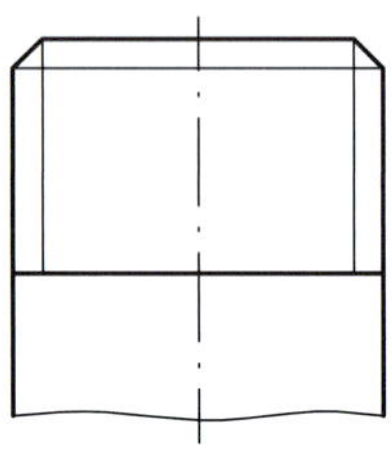

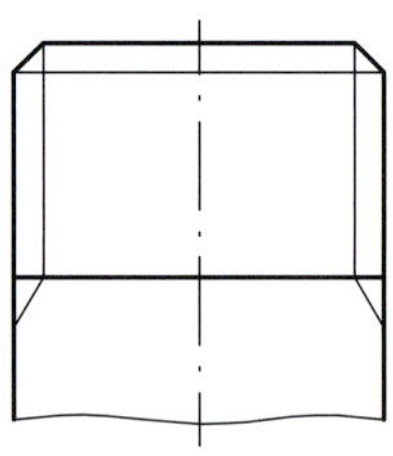

Heute wird bei der zeichnerischen Darstellung eines Außengewindes das Gewinde (Gewindegrund) als schmale Volllinie gezeichnet.

Der Abstand der beiden schmalen Volllinien entspricht dem Kerndurchmesser. Links und rechts ist somit die Gewindetiefe erkennbar.

Die Gewindelänge wird durch eine breite Volllinie eingetragen.

Der Gewindeauslauf am Gewinde liegt außerhalb der Gewindelänge und wird im Allgemeinen nicht bemaßt und nicht gezeichnet.

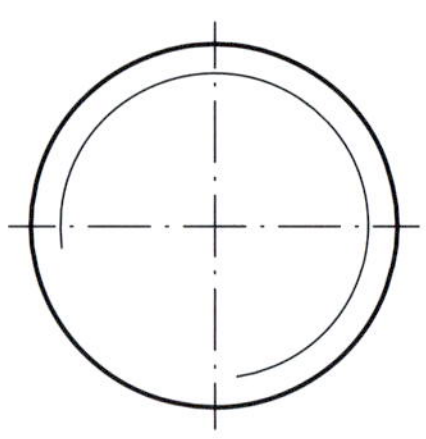

In der Draufsicht des Bolzens wird das Gewinde als Dreiviertelkreis mit schmaler Volllinie dargestellt.

Als Maße sind der Gewindeaußendurchmesser *d* und die Gewindelänge einzutragen.

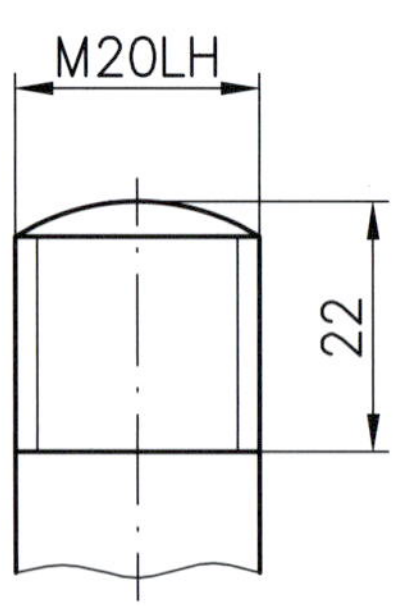

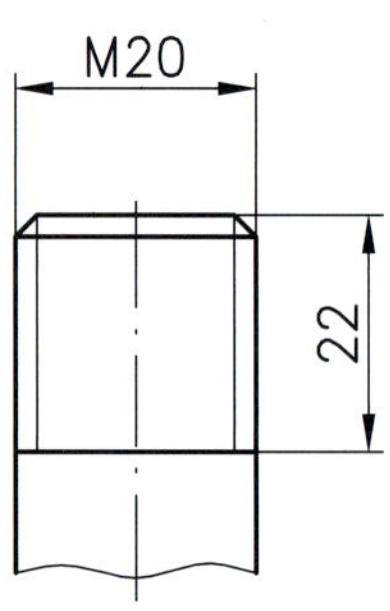

Gewindearten und Eintragungsbeispiele für *d*

Gewindeart	Eintragungsbeispiel
Metrisches ISO-Gewinde Metrisches ISO-Feingewinde Whitworth-Rohrgewinde	M 16 M 16x 1 R ¾
Trapezgewinde Rundgewinde Sägengewinde	Tr 30x6 Rd 36x1/8 S 40x3
Linksgewinde	M 30-LH
Rechtsgewinde	M 30-RH

Kuppenformen:
Kugelförmig mit $R = d$,
kegelförmig unter 45° bis zum Kerndurchmesser abgefast.

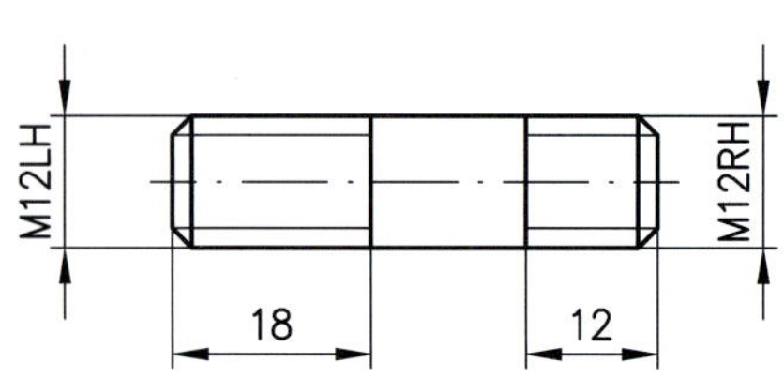

Ist ein Linksgewinde zu bemaßen, so ist dieses mit „LH" (left hand) zu kennzeichnen.

Befindet sich auf einem Gewindebolzen ein Links- und ein Rechtsgewinde, so wird auch das normale Rechtsgewinde mit „RH" (right hand) ergänzt.

Innengewinde im Schnitt und in der Ansicht

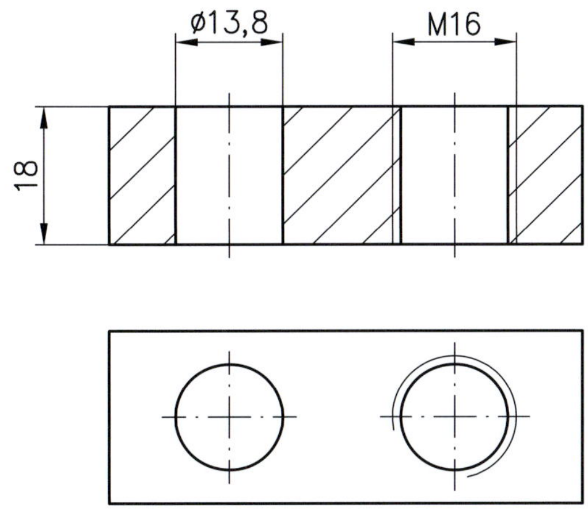

Durchgangsloch mit Gewinde im Schnitt

Innengewinde werden wie Außengewinde als schmale Volllinie dargestellt. Zuerst zeichnet man die Kernlochbohrung mit breiten Volllinien; dann werden die schmalen Volllinien des Gewindes eingezeichnet. Der Abstand der schmalen Volllinien entspricht dem Außendurchmesser. In der Draufsicht werden die Kernlochbohrungen als Kreis mit breiten Volllinien und der Gewindeaußendurchmesser als ¾-Kreis mit schmaler Volllinie gezeichnet. Dabei kann der ¾-Kreis auch eine andere Lage im Achsenkreuz haben.

Schraffurlinien verlaufen bis zum Kerndurchmesser.

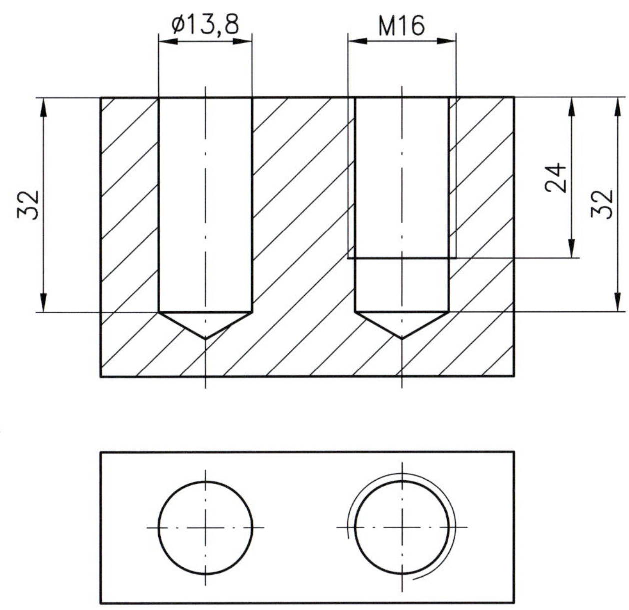

Grundloch mit Gewinde im Schnitt

Da das Gewinde bei Gewindegrundlöchern nicht bis zum Grund voll ausgeschnitten werden kann, wird es auch nicht bis zum Beginn des Bohrerkegels eingezeichnet.

Bemaßungsgrößen sind:

Gewindeaußendurchmesser *d*
Gewindetiefe l_1
Bohrtiefe l

Für Stahl gilt: $l_1 \approx 1{,}5\,d$
$l \approx 2\,d$

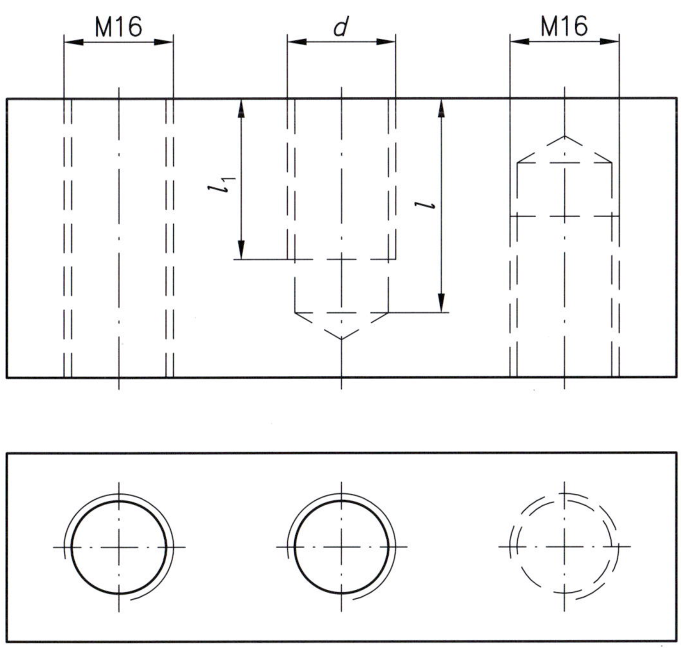

Durchgangsloch und Grundloch in der Ansicht

In der Vorderansicht werden die verdeckten Linien als Strichlinien eingezeichnet.
Die Draufsichten bleiben wie in der Schnittdarstellung unverändert.
Beim Grundloch von unten werden die Kreise für den Gewindeaußendurchmesser und Gewindeinnendurchmesser als Strichlinien gezeichnet.
Günstiger ist jedoch die Darstellung im Schnitt oder im Ausbruch.

Verschraubung (Außen- und Innengewinde)

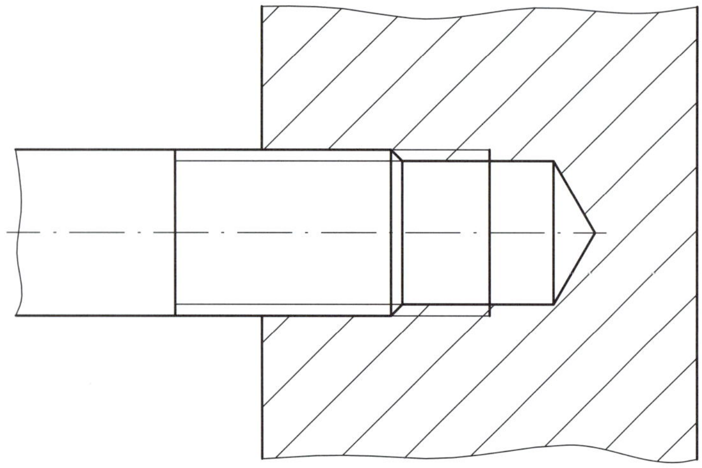

Das Außengewinde bleibt bei der zeichnerischen Darstellung einer Verschraubung erhalten.

Einziehverbindung

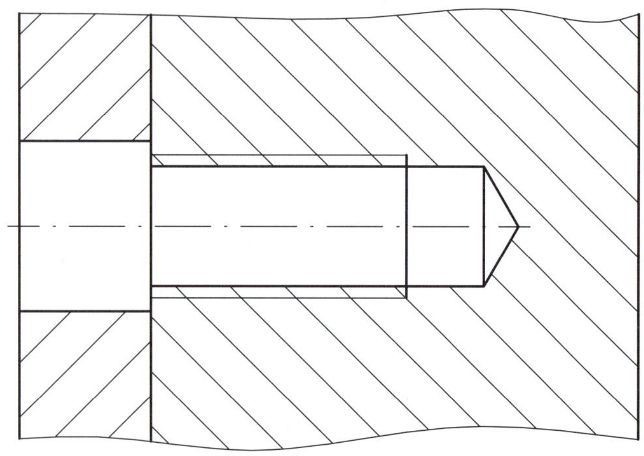

Bei dieser Verbindung hat eines der beiden Werkstücke ein Gewinde, das andere eine Durchgangsbohrung.

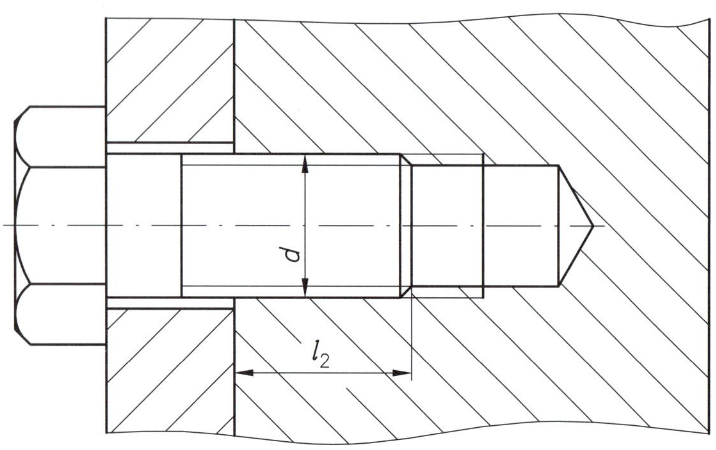

Die eingedrehte Schraube wird ganz gezeichnet. Vom Grundlochgewinde wird die Grundlochbohrung in ihrer ganzen Tiefe sowie ein Rest des Innengewindes gezeichnet.

Für Stahl gilt:
Einschraubtiefe $l_2 \approx 1{,}25\,d$

Sechskantschraube mit Mutter

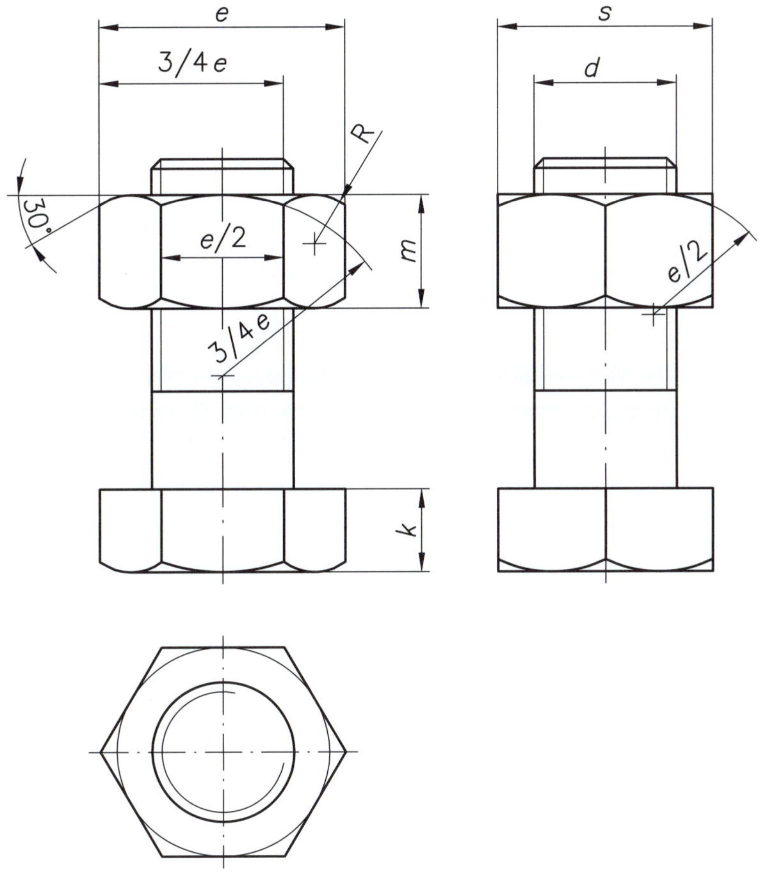

Konstruktionsgrößen der Fasenbögen

Vereinfachte Schraubendarstellung (DIN ISO 6410-3)

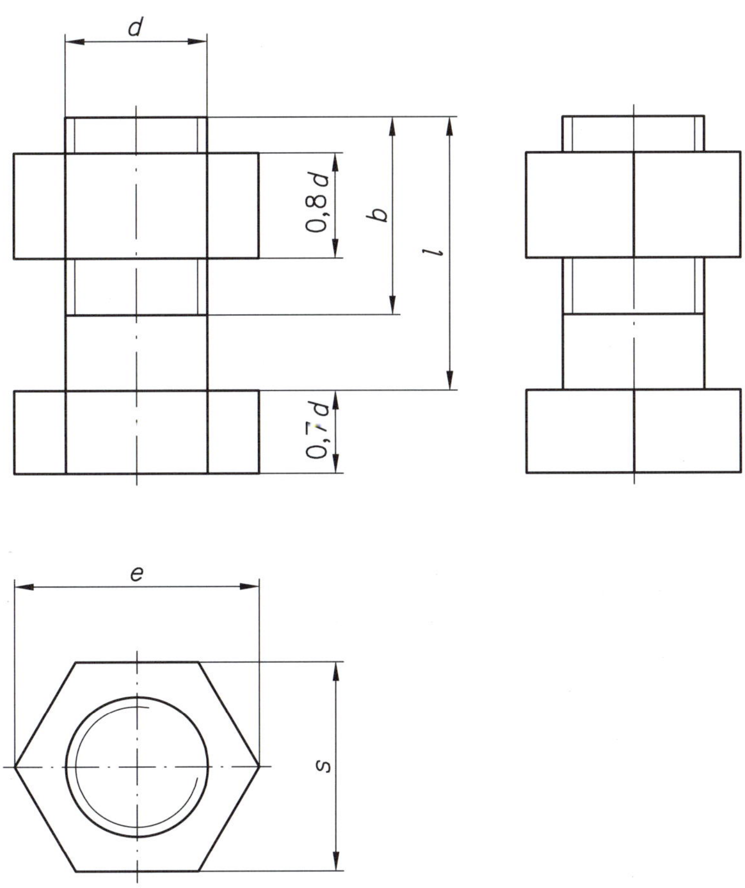

Die vereinfachte Schraubendarstellung ist der obigen Darstellung vorzuziehen. Die Abfasungslinien bei Sechskantkopf und Mutter entfallen.

Beim Zeichnen des Sechskantkopfes geht man vom Eckenmaß e bzw. von der Schlüsselweite *s* aus.

Ist die Schlüsselweite bekannt, kann das Eckenmaß nach folgender Formel berechnet werden: $e = s \cdot 1{,}155$.

Schlüsselweite und Eckenmaß sind genormt:

Maße:

Mutterhöhe *m* = 0,8 *d*
Kopfhöhe *k* = 0,7 *d*
Eckenmaß e = 2 *d*
Schlüsselweite *s* = 1,73 *d*

Senkungen (DIN 74, DIN 974-1 ...-2 und DIN ISO 7721)

Senkungen werden benötigt, wenn bei Durchsteck- und Einziehverbindungen die Schraubköpfe nicht überstehen sollen.
Die kegeligen und zylindrischen Grundformen nach DIN 74, DIN 974-1 ...-2, DIN ISO 7721 usw. werden maßlich von der Kopfform und von der Anwendung der Schrauben bestimmt.
Bei Detaildarstellungen bevorzugt man Senkungen im Vollschnitt bzw. Teilschnitt), weil dort die Senktiefe eindeutig zu erkennen und zu bemaßen ist.

Zeichnerische Darstellung kegeliger Senkungen und deren Maßangaben

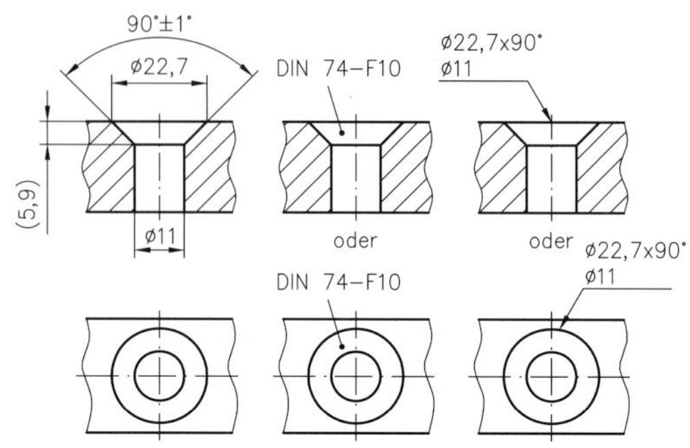

Der Senkungswinkel beträgt 90° ± 1°.
Weitere Maßangaben können sein:
Senkungsdurchmesser, Senkungstiefe und Durchmesser für die Durchgangsbohrung.
In manchen Zeichnungen wird auf eine Bemaßung der Senkung verzichtet und dafür eine Kurzbezeichnung wie in DIN 74 oder eine vereinfachte Bemaßung nach DIN 6780 verwendet. Die notwendigen Maße werden dann aus Tabellen der Normen entnommen.

Beispiel 1:
F 10 bedeutet nach DIN 74:
Senkform F (kegelige Senkung),
für Senkschraube M 10 mit Innensechskant.

Beispiel 2:
Die dazugehörige Maßbenennung nach DIN 6780:
Größter Senkdurchmesser = 22,7 mm
Senkungswinkel 90°
Durchgangsbohrung = 11 mm

Merke ■ Alle notwendigen Maße sollen in einer Ansicht eingetragen werden.

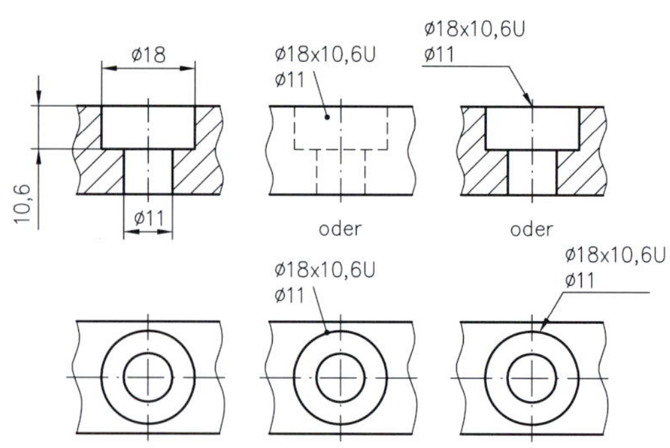

Zeichnerische Darstellung zylindrischer Senkungen und deren Maßangaben
Für die Bemaßung einer zylindrischen Senkung sind erforderlich:
Durchmesser der Durchgangsbohrung,
Durchmesser und Tiefe der Senkung.

Anstelle einer vollständigen Bemaßung kann auch hier eine vereinfachte Bemaßung angegeben und die notwendigen Maße aus Tabellen der Normen entnommen werden.

Vereinfachte Darstellung von Senkungen nach DIN 6780

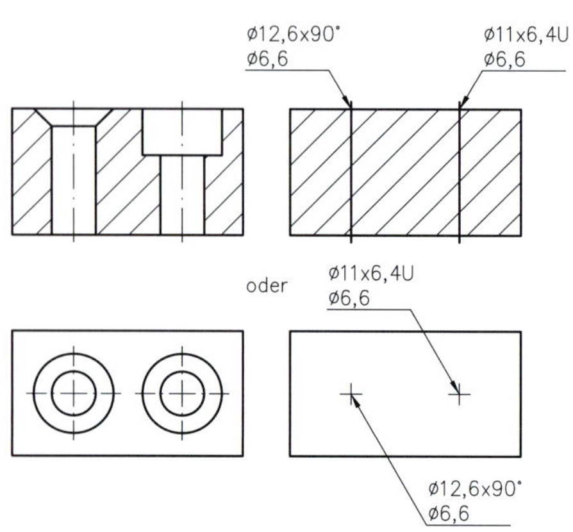

Hier wird die Lage der Löcher und Senkungen in den achsparallelen Ansichten durch eine breite Volllinie und in der Draufsicht durch ein kleines Achsenkreuz ebenfalls in breiter Volllinie dargestellt.
Abgewinkelte Bezugslinien mit darüberstehenden Maßzeilen liegen auf der Senkungsseite, die Pfeilspitzen zeigen auf den Beginn der Senkung.
Die vereinfachte Maßangabe besteht aus mindestens zwei untereinander angeordneten Maßzeilen.
In der ersten Zeile der Maßbenennung steht bei kegeligen Senkungen der größte Senkdurchmesser mit Senkungswinkel.
Bei zylindrischen Senkungen wird der Senkdurchmesser, die Senktiefe und das Sinnbild „U" (≙ flacher Bohrungsgrund) angegeben.
In der zweiten Zeile steht in beiden Fällen der Durchmesser der Durchgangsbohrung.

9 Technische Darstellungen

Auswertung technischer Zeichnungen

In einem vollständigen Zeichnungssatz, bestehend aus Teilzeichnungen, evtl. Gruppenzeichnungen, Gesamtzeichnung und Stückliste, finden wir Informationen über die Herstellung, den Zusammenbau, die Funktion usw. sämtlicher Teile.

Auswerten einer Gesamtzeichnung

Die Gesamtzeichnung besteht aus einer **zeichnerischen Darstellung** aller Einzelteile und/oder Baugruppen und einem **Schriftfeld**. Zugeordnet ist ihr eine angehängte oder eine lose **Stückliste**.

Aus diesen drei Bestandteilen lassen sich wichtige Angaben entnehmen.

- Die **bildliche Darstellung** kann folgende Informationen enthalten:
  - Form,
  - Lage der Einzelteile,
  - Anzahl der Einzelteile,
  - Verbindungen,
  - Positionsnummern,
  - Zusammenwirken,
  - Montage und Demontage der Einzelteile oder der Baugruppen,
  - Gebrauchslage des Gerätes, Vorrichtung usw.,
  - Funktion der Einzelteile, der Baugruppen und des Gerätes, Vorrichtung usw.,
  - Funktionsmaße mit Passungen und Abmaßen,
  - Besonderheiten über Zusammenbau, Funktion und Darstellung.

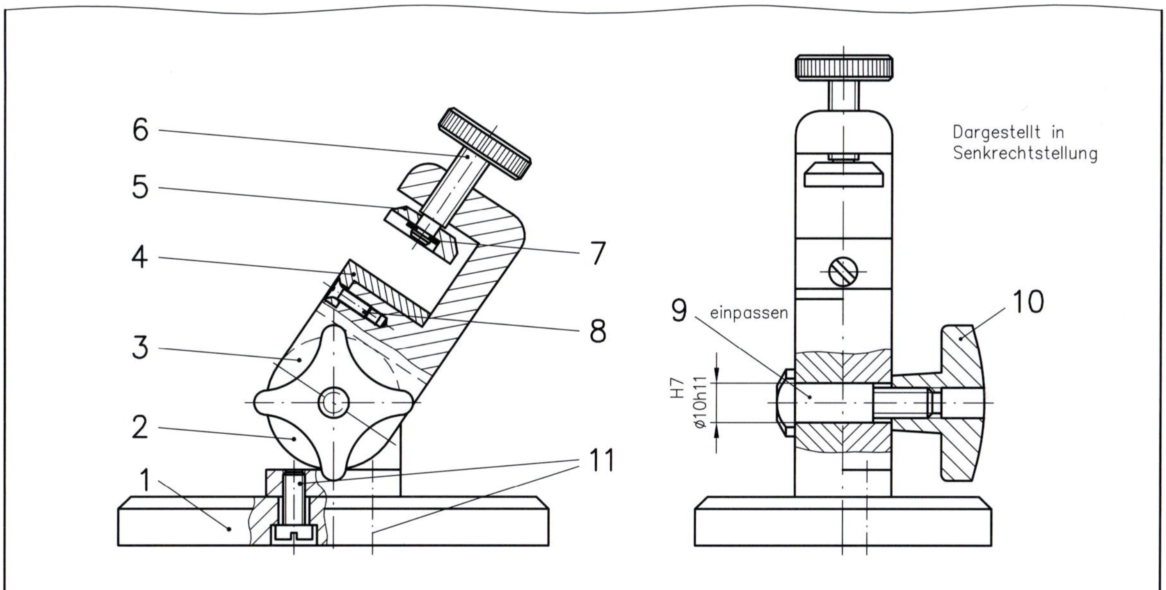

11	2	Stck.	Zylinderschraube	ISO 1207–M6x12–5.8	
10	1	Stck.	Kreuzgriff	DIN 6335–D40–St	Fa. Müller, Neustadt
9	1	Stck.	Bolzen	DIN 1445–10h11x21x35–St	
8	1	Stck.	Senkschraube	ISO 2009–M5x12–4.8	
7	1	Stck.	Sicherungsscheibe	DIN 6799–4	
6	1	Stck.	Rändelschraube	00100 06	gehärtet
5	1	Stck.	Druckscheibe	00100 05	Hgw 2082
4	1	Stck.	Auflage	00100 04	Hgw 2082
3	1	Stck.	Spannstück	00100 03	
2	2	Stck.	Lagerstück	00100 02	
1	1	Stck.	Grundplatte	00100 01	
Pos.	Menge	Einheit	Benennung	Sachnummer/Norm–Kurzbezeichnung	Bemerkung
1	2	3	4	5	6

Verantwortl. Abt. BS I An	Technische Referenz H. Rieß	Erstellt durch J. Marku	Genehmigt von H. Kutka	
Bildungsverlag EINS		Dokumentenart Zusammenbauzeichnung	Dokumentenstatus Freigegeben	
		Titel, Zusätzlicher Titel Messgerätehalter komplett ohne Messzeug	01.000	
			Änd. A | Ausgabedatum 2009–01–23 | Spr. de | Blatt 1/1	

Aus dem Schriftfeld kann gelesen werden:

- Benennung (gibt Aufschluss über die Verwendung der Vorrichtung), evtl. mit ergänzender Beschreibung;
- Zeichnungs-Nr. (kann auch die Sach-Nr. der Vorrichtung sein);
- ob die Zeichnungsobjekte auf Funktion, richtige Darstellung und Normung überprüft wurden;
- wann die Zeichnung erstellt und zur Fertigung freigegeben worden ist;
- Eigentümer der Zeichnung, z. B. Firmenname;
- ob die Darstellung schon einmal geändert werden musste.

Weitere Einzelheiten siehe unten (Informationen aus dem Schriftfeld einer Teilezeichnung)!

Aus der Stückliste können weitere Informationen entnommen werden:

- Menge der Einzelteile (Fertigungs- und Normteile);
- Einheit (Stück, Paar, kg usw.);
- Benennung der Einzelteile (informiert über Form und Aufgabe der Teile);
- Sach-Nr. (kann Zeichnungs-Nr. des Einzelteiles oder einer Baugruppe sein);
- Norm-Kurzbezeichnung (informiert über Normteilbenennung, Norm-Nr. und Abmessungen, aber auch über Halbzeugart, dessen Norm-Nr. und Abmessungen);
- Werkstoff;
- Wärmebehandlung (z. B. gehärtet);
- Beschichtung (z. B. lackiert);
- Lieferfirma.

Auswerten einer Teilzeichnung

Die Teilzeichnung enthält alle Informationen über ein oder mehrere Einzelteile. Ist nur ein Teil einer Teilzeichnung zugeteilt, dann besteht sie aus der bildlichen Darstellung eines Werkstückes, aus dem Schriftfeld und evtl. aus angefügten Tabellen.

Informationen aus der Darstellung

- Form;
- Fertigungslage;
- Maße (Roh-, Fertigungs-, Hilfs-, Funktions- und Prüfmaße, theoretisch genaue Maße);
- Maßtoleranzen;
- Passungen;
- Oberflächenbeschaffenheit und evtl. Fertigungsverfahren;
- Wärmebehandlungsverfahren (z. B. Härteverfahren);
- Beschichtungen (z. B. galvanische Überzüge);
- Kantenzustände;
- Neigung, Verjüngung;
- Rändelform;
- Freistichform;
- Zentrierbohrungsform;
- Schweiß- und Lötangaben.

Informationen aus dem Schriftfeld

- Benennung des Teiles (gibt somit Auskunft über die Funktion des dargestellten Objektes);
- Zeichnungs-Nr. (ist auch in der Stückliste der Zusammenbauzeichnung zu finden);
- Änderungskennzeichnung (Zeichnungsversion);
- Erstelldatum der Zeichnung;
- Zeichnungssprache;
- Blatt-Nr. und Anzahl der Blätter;
- Dokumentenart, z. B. Teilezeichnung, Gesamtzeichnung usw.;
- verantwortliche Abteilung und Person;
- Zeichnungsersteller;
- Eigentümer der Zeichnung;
- Personen, welche das Zeichnungsobjekt auf Funktion, Darstellung, Bemaßung und Norm überprüft haben.

Informationen aus Tabellen

Ist neben dem Schriftfeld eine Passmaß-/Grenzabmaßtabelle angebracht, so können daraus die ISO-Passungen und deren Grenzabmaße gelesen werden.
Oft ist neben oder über dem Schriftfeld eine Tabelle über die vereinfachte Eintragung von Oberflächenangaben gesetzt. Sie informiert über die Bedeutung der vereinfachten Oberflächenkennzeichnung am Werkstück.

Informationen aus dem Angabenbereich über dem Schriftfeld

- Maßstab der Darstellung (gibt Auskunft über die wahre Größe des Teiles);
- Werkstoff und Halbzeuge mit Abmessungen;
- zulässige Allgemeintoleranzen bei nicht tolerierten Maßen;
- Norm der Oberflächenangaben.

Teilzeichnung (Auswertung siehe Seite 66)

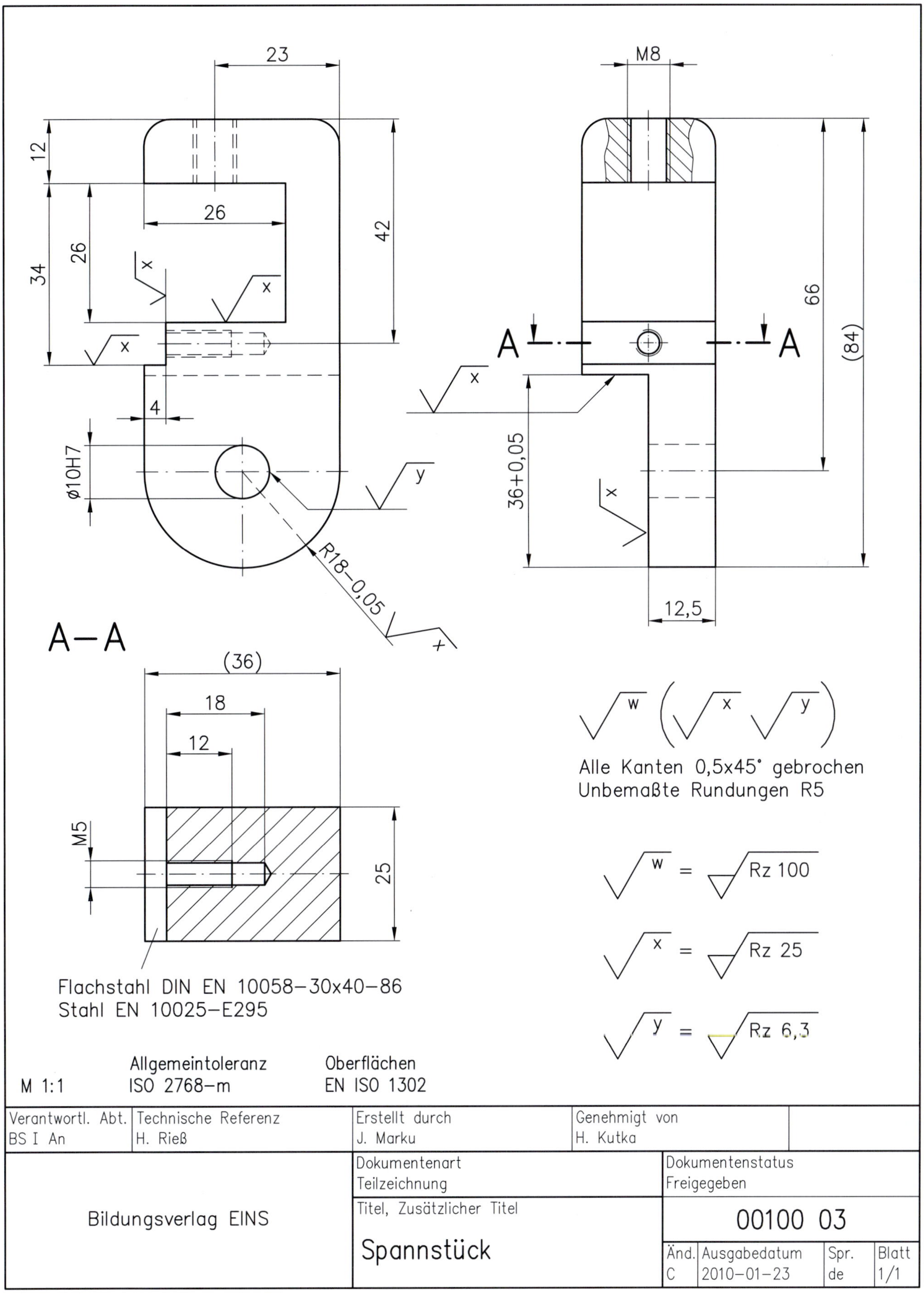

Verantwortl. Abt. BS I An	Technische Referenz H. Rieß	Erstellt durch J. Marku	Genehmigt von H. Kutka	

Bildungsverlag EINS	Dokumentenart Teilzeichnung	Dokumentenstatus Freigegeben
	Titel, Zusätzlicher Titel Spannstück	00100 03
		Änd. C · Ausgabedatum 2010–01–23 · Spr. de · Blatt 1/1

Beispiel einer Zeichnungsauswertung

Auswerten der Teilzeichnung 0010003

Informationen aus der Darstellung

Form:	Prismenförmig, eine Längsseite halbkreisförmig abgerundet mit mittig liegender Lagerbohrung und gegenüberliegender, halbseitiger Aussparung, Kanten der anderen Längsseite abgerundet, in Längsseite ein Gewinde, in der oberen Teilhälfte eine quer zur Lagerbohrung liegende, stufenförmige Nut mit Gewinde
Fertigungs- oder Gebrauchslage:	Das Teil hat verschiedene Fertigungslagen. Gezeichnet wurde es in der Gebrauchslage.
Maße:	Rohmaß: 30 x 40; 86 lang Hilfsmaße: 36, 84 Funktionsmaße: R 18 – 0,05, 36 + 0,05, Ø 10H7 Fertigungsmaße: restliche Maße
Maßtoleranzen:	+ 0,05, – 0,05, ...
Passungen	H7
Oberflächen-qualität:	gekennzeichnete Flächen mit $\sqrt{}^{x}$ und $\sqrt{}^{y}$, restliche Flächen $\sqrt{}^{w}$ Die Bedeutung dieser vereinfachten Oberflächenkennzeichnung ist der Teilzeichnung zu entnehmen.
Kantenzustände:	Alle Kanten 0,5 x 45° gebrochen

Informationen aus dem Schriftfeld

Benennung des Teiles:	Spannstück Es nimmt alle Spannelemente zum Spannen und Halten des Messgerätes auf.
Zeichnungs-Nr.:	0010003
Zeichnungsart:	Teilzeichnung
Dokumenten-status:	Die Zeichnung ist auf Richtigkeit und Norm geprüft und auch zum Gebrauch freigegeben.
Zeichnungs-eigentümer:	Bildungsverlag EINS
Weitere Informationen:	Das Datum der Zeichnungserstellung und der Name des Zeichners ist eingetragen. Die Einzelteilzeichnung trägt den Änderungsindex „C", d. h., sie weist auf die 3. Änderung hin. Das Dokument besteht aus 1 Blatt.

Informationen aus Tabellen

Passmaße:	Ø 10H7
Grenzabmaße:	10 + 0,015/0
Vereinfachte Eintragung für Oberflächen:	Zum Beispiel $\sqrt{}^{y} = \sqrt{}^{Rz\ 6,3}$; die damit gekennzeichneten Flächen sind spanend bearbeitet mit einer gemittelten Rautiefe R_z = 6,3 µm.

Informationen aus dem Angabebereich über dem Schriftfeld

Werkstoff:	E 295; unlegierter Baustahl mit einer Streckgrenze R_e von 285 N/mm² bei einer Stahldicke > 16 ≤ 40 mm.
Halbzeug:	Nach DIN EN 10058 genormtes Flachmaterial 30 x 40 mit 86 mm Länge
Maßstab:	1:1; das Werkstück ist in natürlicher Größe dargestellt.
Allgemein-toleranzen:	Nach DIN ISO 2768, Toleranzklasse m = mittel
Oberflächen:	Nach DIN ISO 1302

10 Elektrische Schaltpläne

Einfache elektrische Schaltungen

a) Skizze einer Schaltung mit 9 V-Niedrigspannung

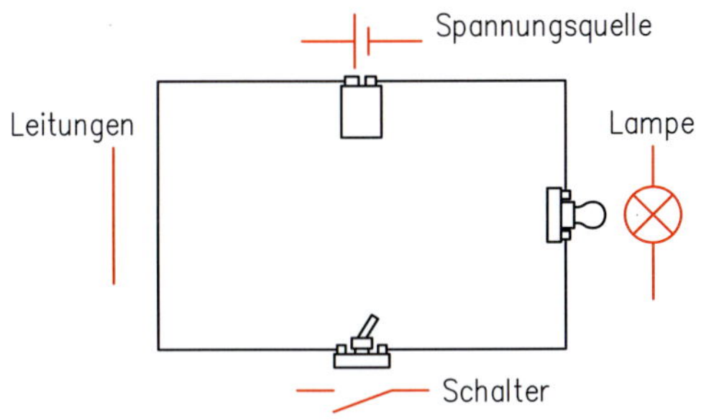

b) Skizze einer Schaltung mit 230 V-Wechselspannung

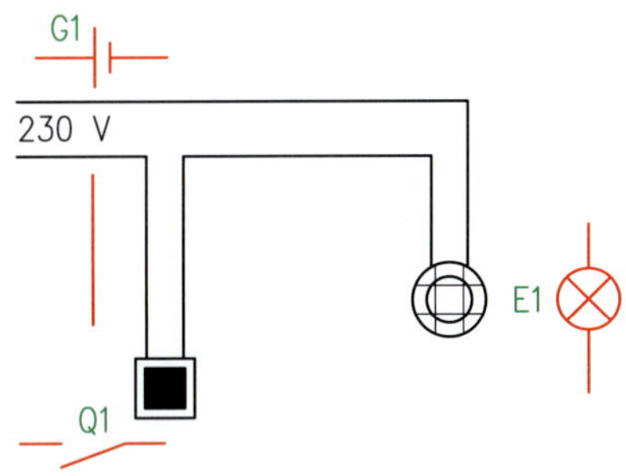

Symbole (Schaltzeichen) für Betriebsmittel und deren Lage.

Referenzkennzeichen für Betriebsmittel mit Zählziffer und deren Anordnung.

In elektrischen Schaltungen werden elektrische Bauteile (z. B. Stromquelle, Schalter, Lampe) zu einer sinnvollen Anordnung zwecks Erfüllung einer Funktion zusammengeschlossen. Aufgrund einer Strom- oder Spannungsquelle fließt ein elektrischer Strom im geschlossenen Kreislauf (Stromkreis) durch die Bauelemente. Schaltungen werden schematisch nach einheitlichen Regeln (Normen) in Schaltplänen gezeichnet.

Betriebsmittel

Die Bauelemente (Betriebsmittel) eines Stromkreises sind durch genormte Symbole (Schaltzeichen) dazustellen.

Betriebsmittelsymbole nach DIN EN 60617 (Auszug)

Schließer, mit Handbetätigung	Strom-, Spannungsquelle	Leitung allgemein, Außenleiter L	Ausschalter
betätigter Schließer	Lampe	Schutzleiter PE	Serienschalter
Zweiweg-Schließer	Glimmleuchte	Neutralleiter N	Wechselschalter
Raste, nicht selbsttätiger Rückgang	M 1~ Wechselstrom-Motor	3 Leiteranzahl, bei mehr als 2 Leiter	Gruppenschalter
0 3-stelliger Handantrieb mit 0-Stellung	Anschluss, z. B. Klemme	isoliert in Rohr	Schalter allgemein, beleuchtet
	Anschlussdose	unter Putz	Heizkörper, Heizwiderstand
		Schutzkontakt-Steckdose	Mechanische Verbindung

Zu den Symbolen können nach bestimmten Regeln Referenzzeichen der Betriebsmittel beigesetzt werden.

Referenzzeichen für Betriebsmittel nach DIN EN 81346-2 (Auszug)

E Glühlampe, Leuchte, Heizkörper, usw.
M Elektromotor, Stellantrieb, usw.
G Generator, Batterie, Stromversorgungseinheit, usw.
Q Leistungs- und Trennschalter, Motorstarter, usw.
X Trenn- und Steckverbindungen, Klemmleiste, Steckdose, usw.

Regeln für die Kennzeichnung der Betriebsmittel und deren Anschlussstellen

1. Für die Referenzzeichen der Betriebsmittel wurden folgende Lagen nach DIN EN 6161082 festgelegt: Bei senkrechter Leitung – links neben dem Schaltzeichen, bei waagerechter Leitung – über dem Schaltzeichen, jeweils von unten lesbar.

2. Eine Zählziffer hinter dem Referenzzeichen gibt an, welches Betriebsmittel gleicher Art sich innerhalb des Stromkreises befindet.
3. Die Anschlussstellen können mit numerischen Ziffern nach den unter 1. genannten Regeln belegt werden. Allerdings sind die Ziffern bei senkrechten Leitungen von rechts lesbar anzuordnen. Die Klemmen 1,3,5 liegen an der Stromversorgung, die Klemmen 2,4,6 dagegen auf der Seite der Verbrauchsmittel (z. B. Lampen).

Schaltplanarten

Mehrpoliger Stromlaufplan

Jede Leitung wird in ihre einzelnen Adern zerlegt und jeweils durch eine Vollinie dargestellt. Zur Kennzeichnung der Adern werden genormte Schrägstriche (Symbole) und Adernbezeichnungen z. B. L1, N, usw. verwendet.

Beispiele: Lampen-Ausschaltung ohne Schutzleiter

bildliche Darstellung:

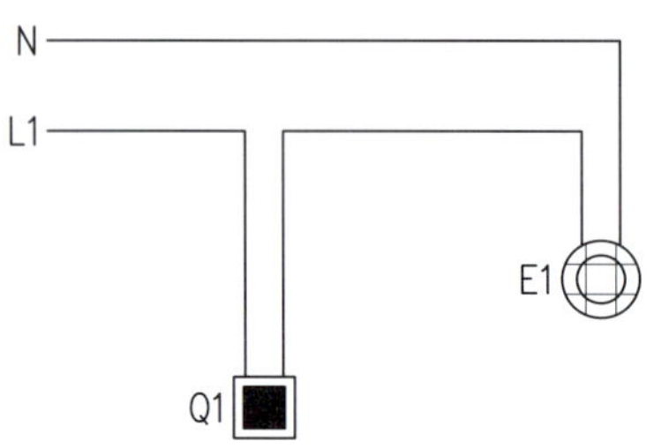

in zusammenhängender Darstellung (Wirkschaltplan):

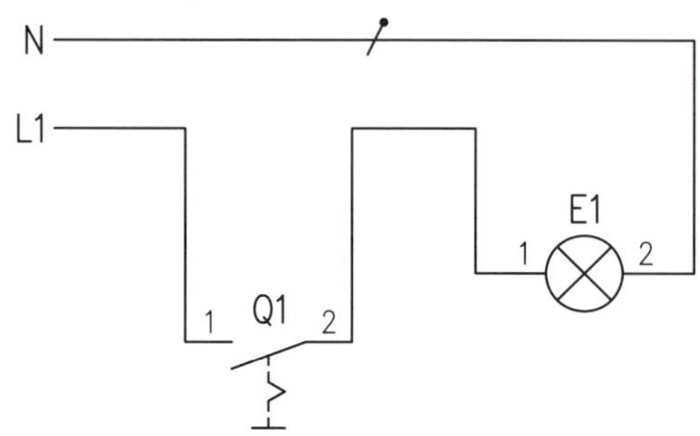

bildliche Darstellung (auseinander gezogen):

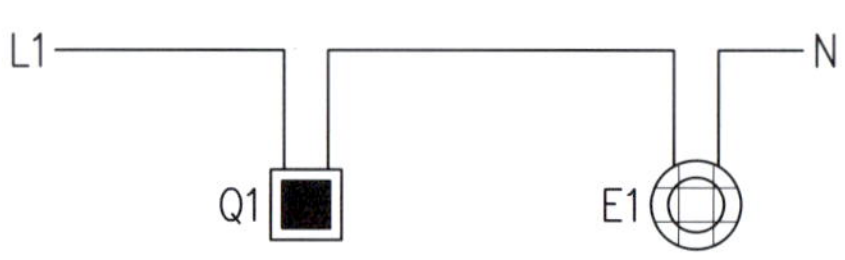

in aufgelöster Darstellung (Stromlaufplan):

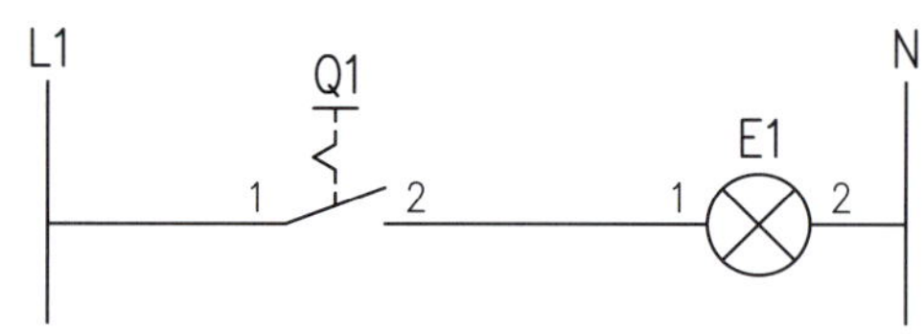

Hier gilt die Reihenfolge: L1, Betriebsmittel, N.

Schaltpläne liefern Informationen über die Wirkungsweise einer Schaltung, die Art und Lage der Betriebsmittel und deren elektrische Verbindungen. Wegen der Übersichtlichkeit werden Stromleitungen waagrecht oder senkrecht möglichst kreuzungsfrei und mit senkrechten Einmündungen gezeichnet.

Dabei gilt nach DIN 40705:	L	Außenleiter (schwarz vorzugsweise)	Kennzeichen
	N	Neutralleiter (blau)	Kennzeichen
	PE	Schutzleiter (grün/gelb)	Kennzeichen

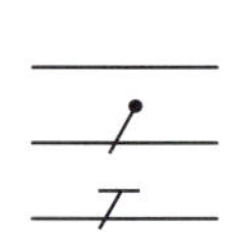

Nach jeder Abzweigung ist eine neue Kennzeichnung erforderlich. Das N-Kennzeichen kann auch weggelassen werden.

Beispiel: Lampen-Ausschaltung mit Schutzleiter PE und Verteildose

Berührt ein Außenleiter mit beschädigter Schutzmantelung leitfähige Teile von Betriebsmitteln (z. B. Metallgehäuse), so führen letztere volle Netzspannung. Bei Berührung würde Lebensgefahr bestehen. Verbindet man dagegen die leitfähigen Teile der Betriebsmittel mit einem "grün-gelben" Schutzleiter (PE), der über eine Haupterdungsklemme zur Erde geführt wird, so kommt es bei Berührung zu einem Kurzschluss und durch eine Stromkreissicherung zur Geräteabschaltung.
Im Kreuzungspunkt elektrischer Leitungen von Schaltern, Leuchten, Steckdosen usw., wird eine Verteilerdose (Installationsdose) angebracht, in der die Leitungen verbunden werden.

Beispiel Lampen-Ausschaltung mit Schutzleiter PE und Verteilerdose

bildliche Darstellung:

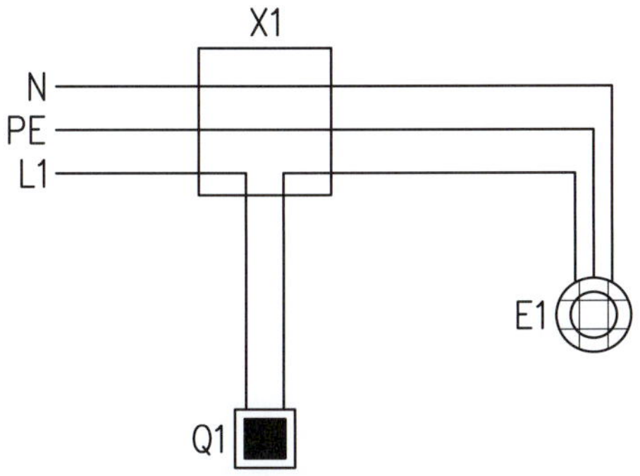

zusammenhängende Darstellung:

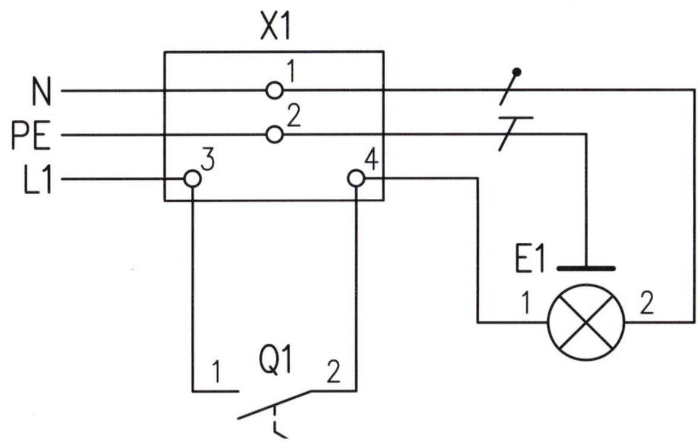

Einpoliger Stromlaufplan

Jede Leitung wird unabhängig ihrer Adernzahl durch eine Vollinie zusammengefasst. Die Anzahl und Art der Adern sind im Leitungsverlauf nach genormten Kennzeichnungen anzugeben. Auch die lagerichtige Anordnung der Betriebsmittel ist zu beachten.

Bei Installationsschaltungen findet diese einpolige Darstellung als "Übersichtsschaltplan" und als "Übersichtsplan" Anwendung. Bei Darstellung in der Draufsicht, z. B. in Grundrissen von Gebäuden, spricht man von einem "Installationsplan".

Obige Lampenausschaltung im Übersichtsschaltplan ...

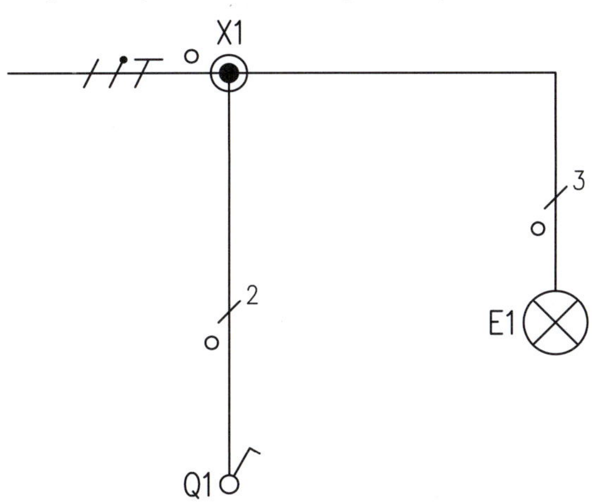

... im Übersichtsplan ...

Der Übersichtsplan ist eine vereinfachte, einpolige Darstellung ohne Beachtung und Festlegung der richtigen Lage der Betriebsmittel.

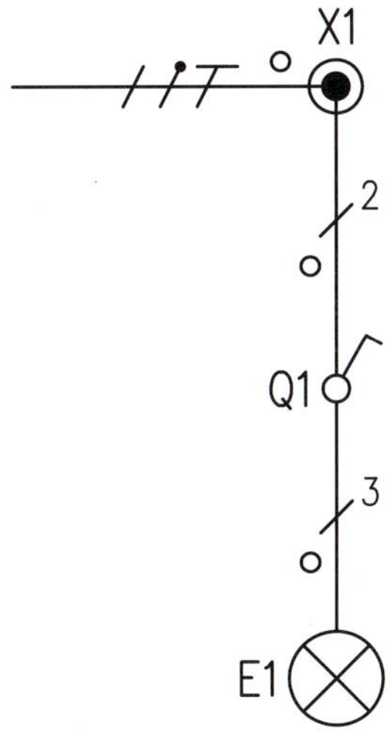

... und im Installationsplan:

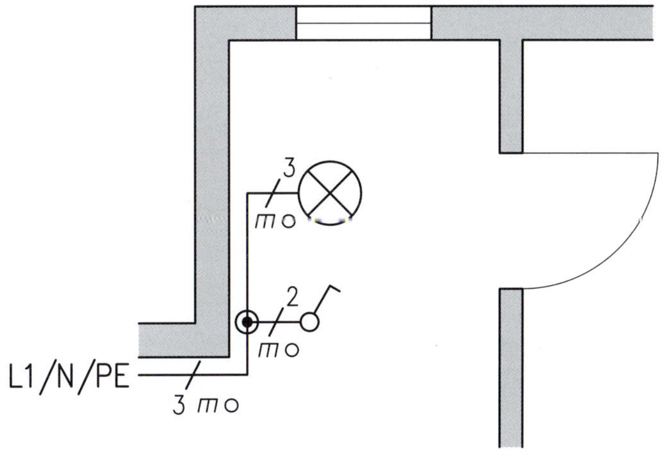

Stromlaufpläne in der Zusammenfassung:

Zweipolige Darstellung	
Zusammenhängende Darstellung	Aufgelöste Darstellung

Beispiel: Steckdosenverbindung

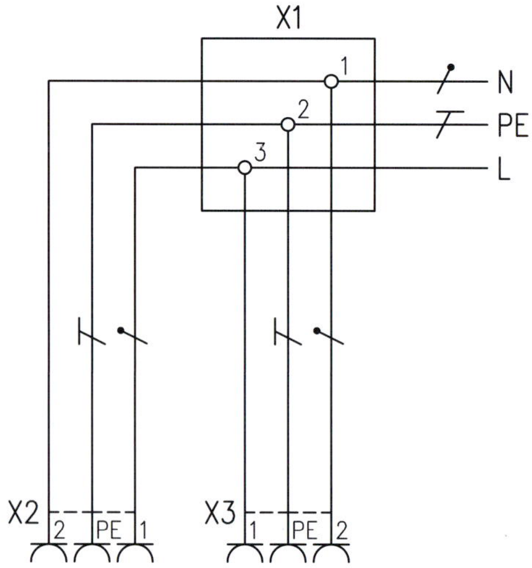

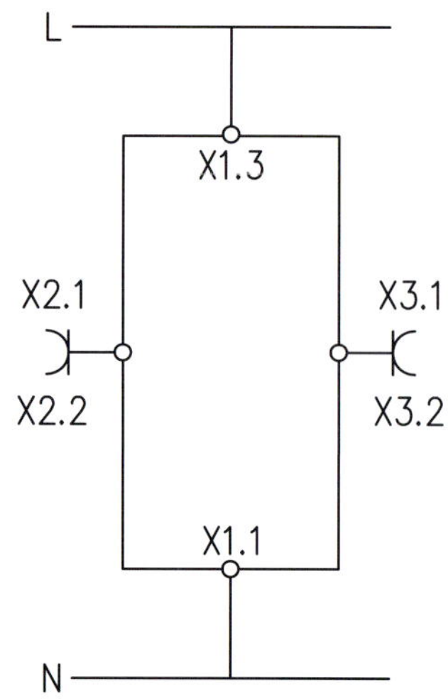

Information:
Um bei Ausfall eines Steckdosenstromkreises andere Stromkreise (z. B. Lichtstromkreise) noch funktionsfähig zu erhalten, werden diese getrennt angeordnet.

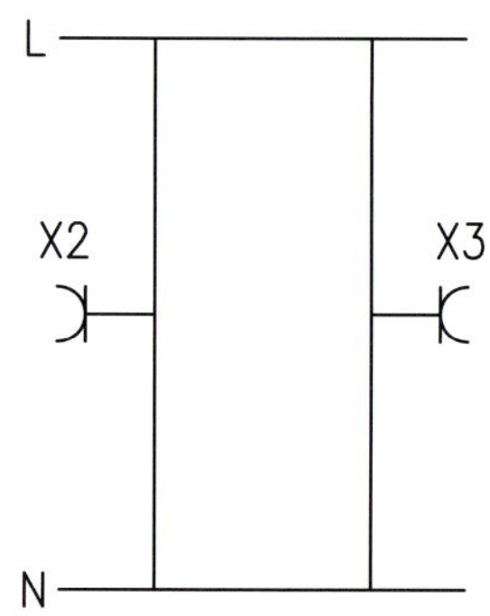

Darstellungsweise ohne Klemmittel (Verteilerdose):

Einpolige Darstellung	
Übersichtsschaltplan	Installationsplan

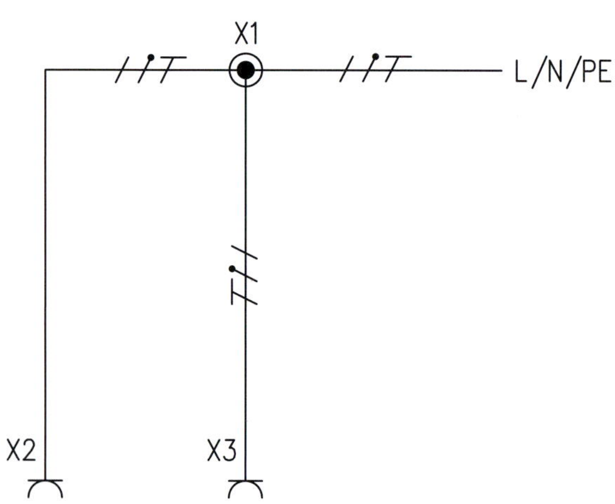

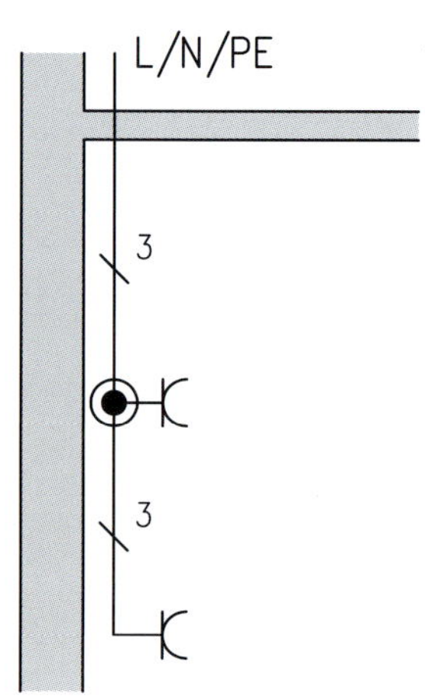

Aufbau einer Serienschaltung

Die Serienschaltung wird verwendet, um z. B. zwei Leuchten oder Leuchtengruppen unabhängig voneinander mit einem Doppelschalter (Serienschalter) ein- und auszuschalten.

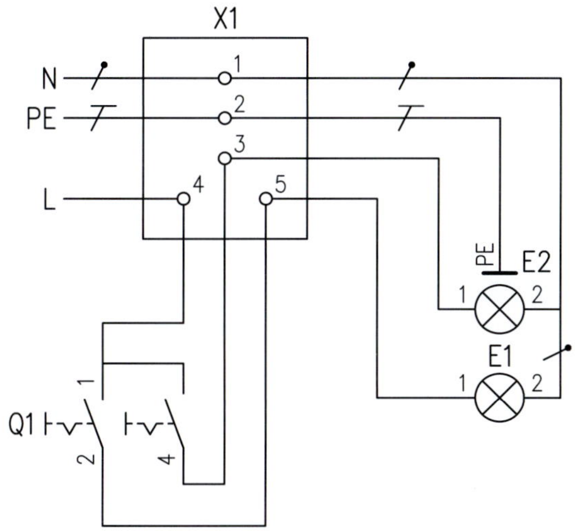

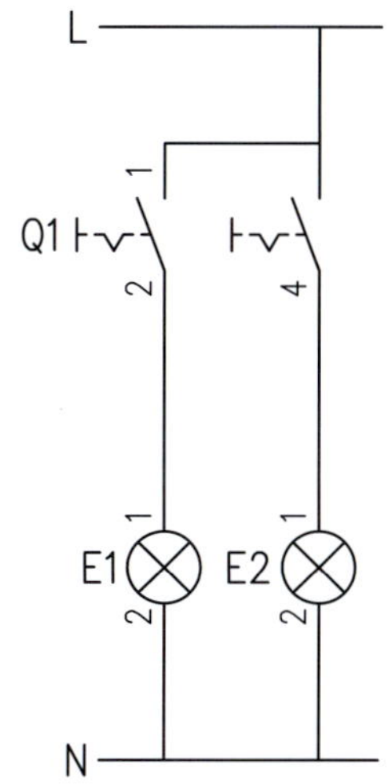

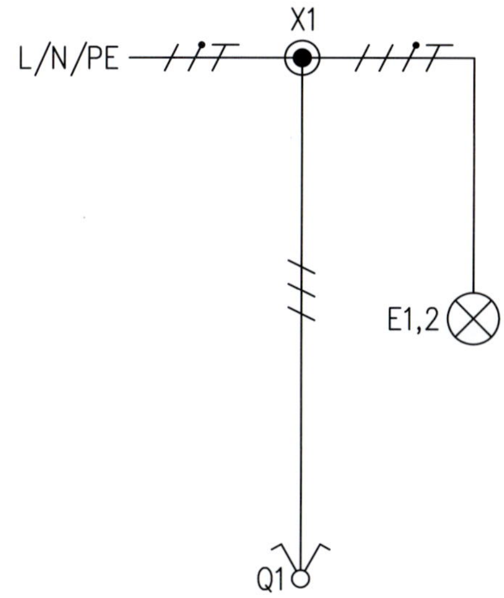

Mögliche Schaltzustände einer Serienschaltung:

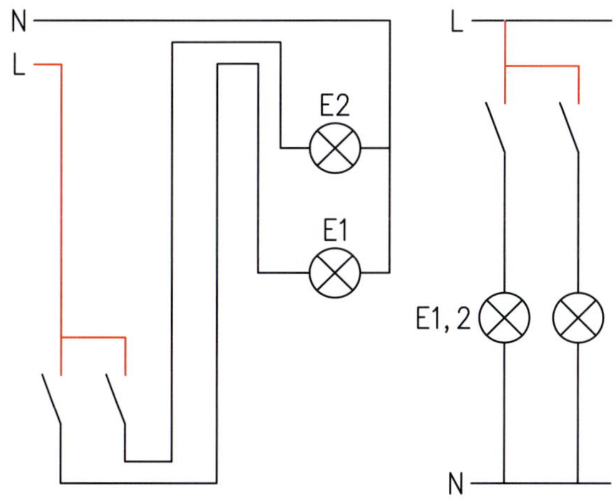

Leuchte E1 und E2 aus

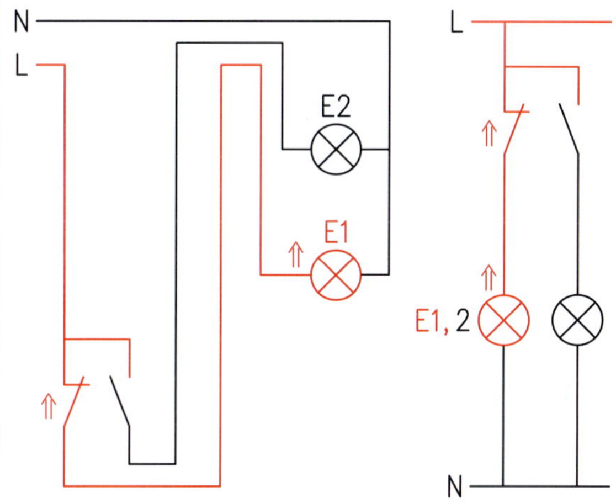

Leuchte E1 ein, E2 aus

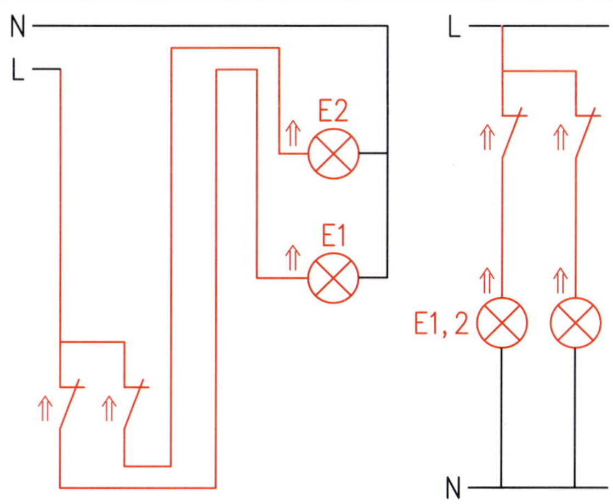

Leuchte E1 und E2 ein

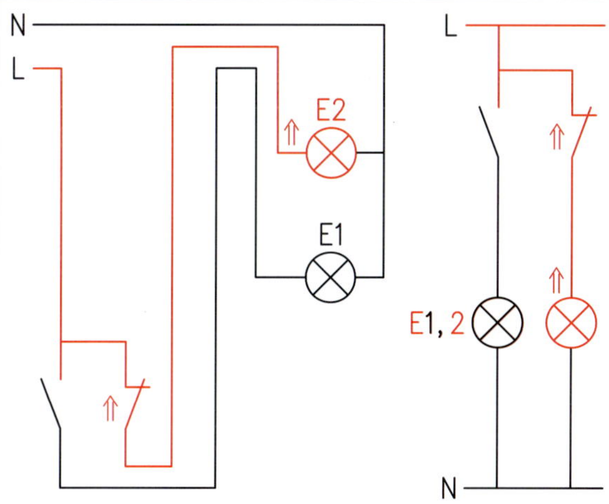

Leuchte E1 aus, E2 ein

Serienschaltung als Zwangsfolgeschaltung

Bei einem Heißluftgerät (z. B.Föhn) mit eingebauter Heizung und einem Ventilator, wird die Heizung E1 wegen Überhitzungsgefahr erst geschaltet, wenn der Ventilatormotor M1 in Betrieb ist.

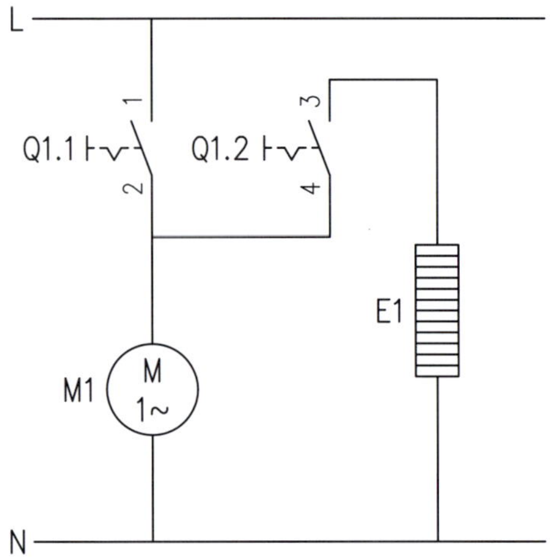

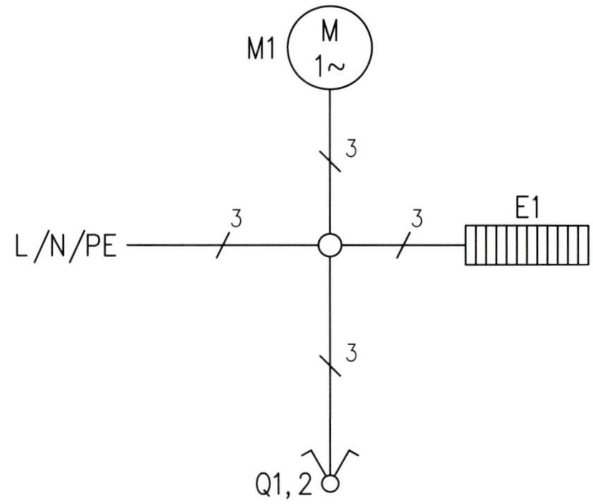

Die Wechselschaltung

Um eine Leuchte oder Leuchtengruppe von zwei Schaltorten aus ein- und auszuschalten, z. B. in Fluren, Treppenaufgängen, Wohnräume mit mehreren Ein- bzw. Ausgängen, bietet sich die Installation einer Wechselschaltung an. Man verwendet für die Schaltung zwei Wechselschalter mit der Handelsbezeichnung "Aus- und Wechselschalter".

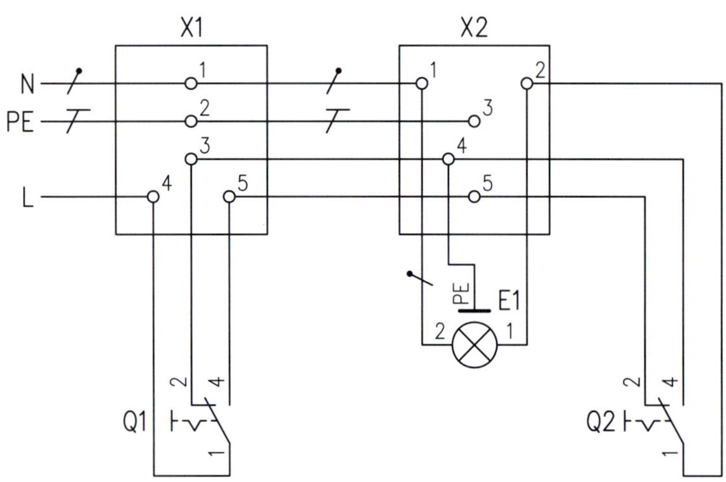

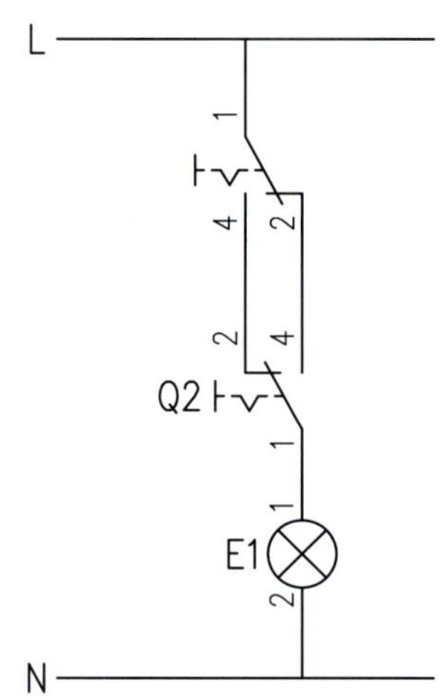

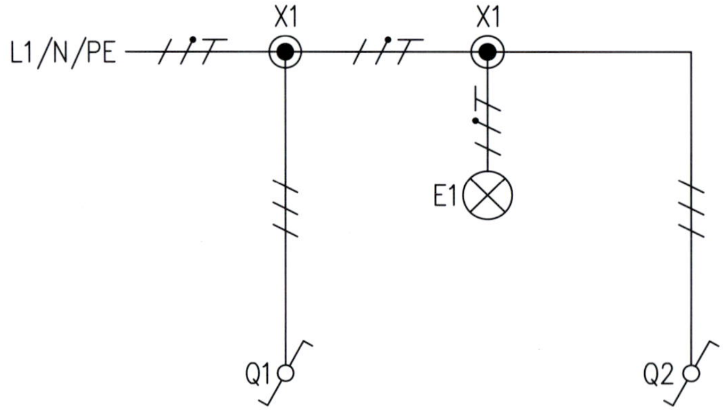

Die Gruppenschaltung

Sie kommt zur Anwendung, wenn bei einem Verbraucher die Funktionen "aufwärts" oder "abwärts" (z. B. bei einer Jalousie) nicht gleichzeitig geschaltet sein dürfen.
Der Jalousiemotor (Rohrmotor) wird durch L1 über Q1 in Rechts- oder Linkslauf geschaltet. Der hierzu nötige Gruppenschalter besitzt einen Schaltknebel für die Mittelstellung "Aus" und den Schaltstellungen "Auf" und "Ab". Er verfügt über drei Anschlüsse.

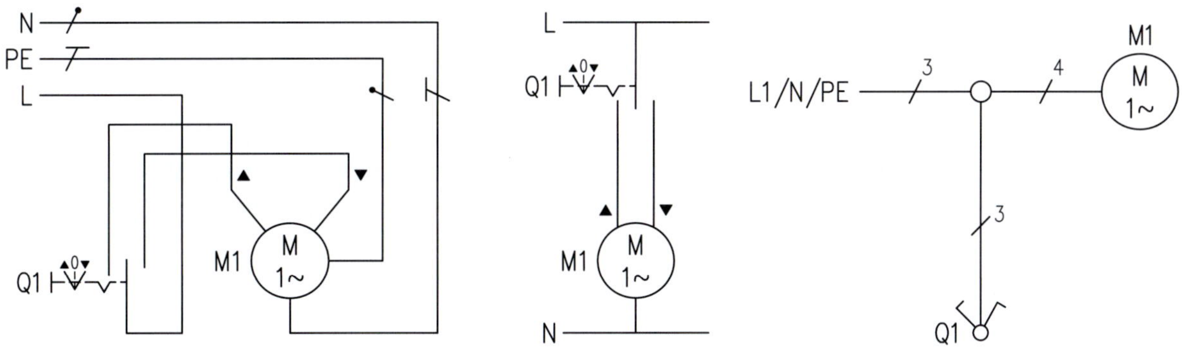

Installationschaltungen mit Beleuchtung und Betriebszustandsanzeige

Schalterbeleuchtungen

Aus Sicherheitsgründen müssen in bestimmten Arbeitsstätten Lichtschalter in selbstleuchtender Ausführung installiert werden.
Auch dienen beleuchtete Schalter als Orientierungsleuchten bei ausgeschalteten Hauptleuchten. Die Schalterbeleuchtung erfolgt durch eine Glimmlampe, die bei geöffnetem Schalter in Reihenschaltung zur Raumleuchte geschaltet ist und keinen Neutralleiter benötigt.

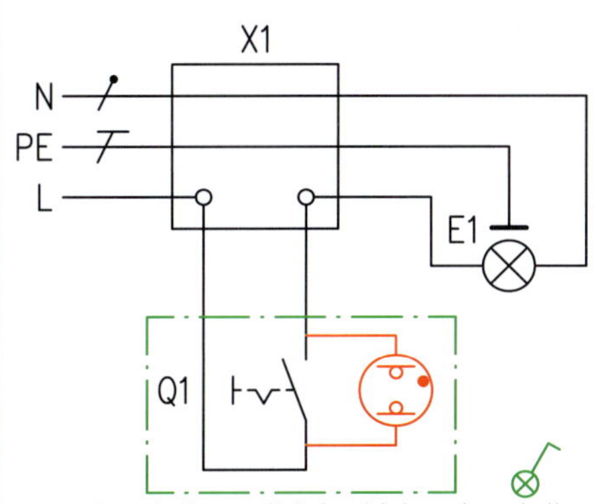

Ausschaltung mit beleuchtetem Ausschalter

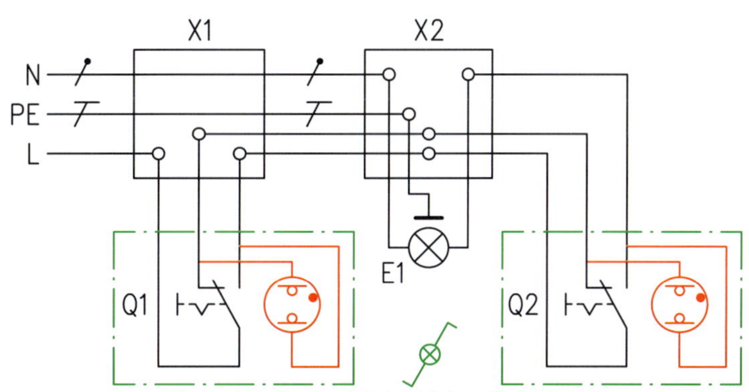

Wechselschaltung mit beleuchtetem Wechselschalter

Schalter mit Betriebszustandsanzeigen

Sind Schalter außerhalb von Räumen angebracht und ist die Lampe von den Schaltern aus nicht sichtbar (z. B. Keller-/Speicherbeleuchtung), so bedient man sich mit Kontroll-Leuchten. Bei Kontrollschaltungen am Schalter wird auch der Null-Leiter mit angeschlossen. Aufgrund verschiedener Schalterbauformen, kann der Einbau einer Kontroll-Glimmlampe anders gelöst sein.

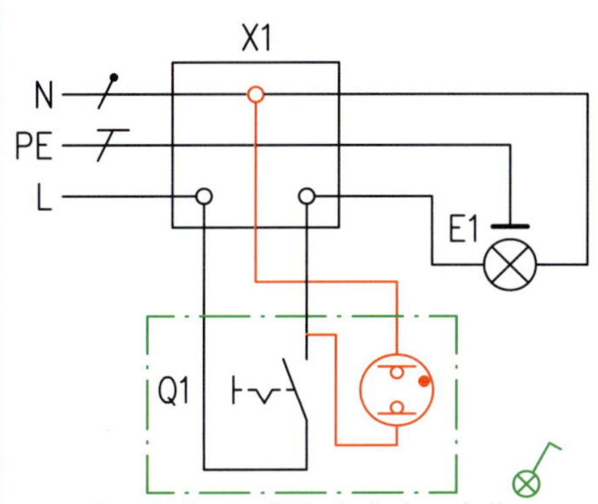

Ausschaltung mit Kontroll-Ausschalter

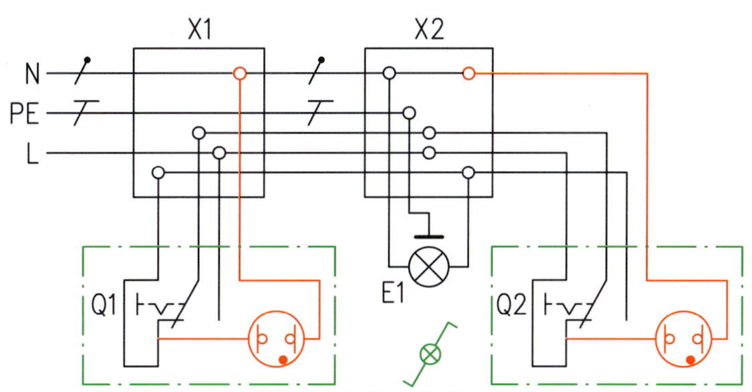

Wechselschaltung mit Kontroll-Wechselschalter

Darstellung von Stromkreisen in Gebäudegrundrissen

Der Installationsplan

Installationsschaltungen, wie Aus-, Serien-, Wechsel-, Gruppenschaltungen. usw., finden hauptsächlich in Gebäuden zur Steuerung von Haustechniken Anwendung. Als Installationsgrundlage können die einzelnen Schaltungen auch von oben gesehen, mit den genormten Schaltzeichen, Betriebsmitteln und Leitungen, in den Grundriss als Installationsplan eingezeichnet werden (s. Beispiele Seite 65/66!).

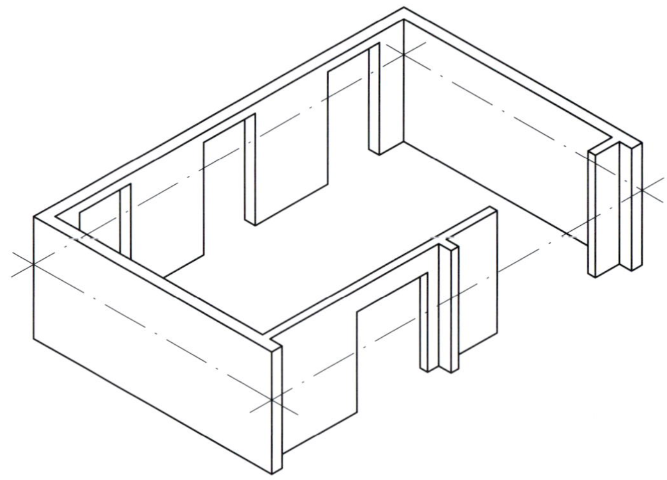

Ein Grundriss ist die Darstellung eines Gebäudes oder eines Gebäudeteiles in der Draufsicht. Dabei wird ein Schnitt parallel zur Grundfläche des Gebäudes in der Höhe so gelegt, dass alle Öffnungen in den Gebäudewänden (z. B. Türen, Fenster, Durchbrüche, usw.) von oben erkennbar sind.
In der Elektrotechnik verzichtet man auf eine Schraffur der geschnittenen Wände.

Schritt 1 zur Erstellung eines Installationsplanes:

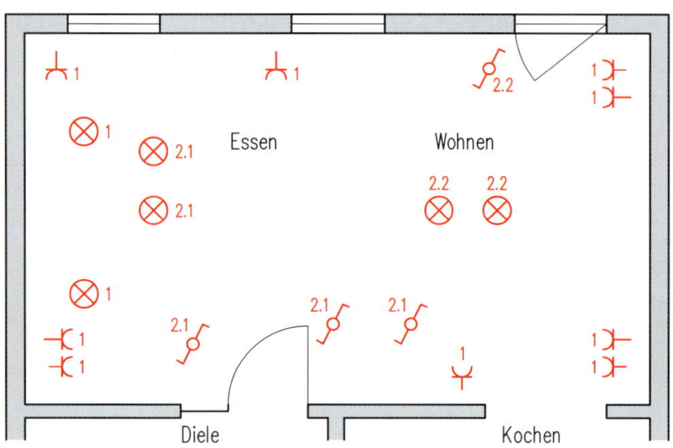

M 1:100 Leitungen H07V–U1,5 mm^2 im Rohr und unter Putz verlegt

Zunächst werden die erforderlichen Betriebsmittel (z. B. Lampen, Lampengruppen, Steckdosen, Schalter, etc.) an die gewünschte und sinnvolle Stelle in den Grundriss skizziert, damit sie danach in Licht- und Steckdosenstromkreise eingebunden werden können.
Üblich ist dazu eine Kennzeichnung der Betriebsmittel mit Ziffern, die aussagen, welche dem Stromkreis 1, dem Stromkreis 2, usw., anzuschließen sind. Beigefügte, durch Punkt getrennte Kennziffer, geben z. B. die Zuordnung der Schalter zur jeweiligen Leuchte an.

Schritt 2:

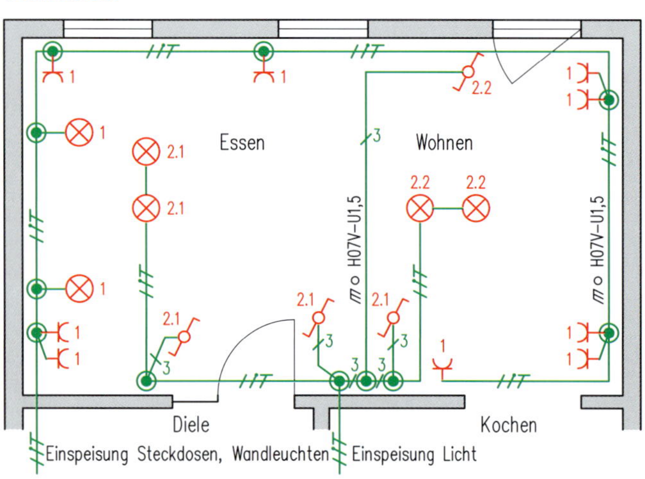

M 1:100

Der Installationsplan wird mit den Leitungsführungen und nach Festlegung der Verbindungsdosen mit den einzelnen Leitungen ergänzt.
Die Schaltsymbole werden der Leitungsführung entsprechend verschoben.
Art der Leitungen und deren Anzahl, sowie Art der Verlegung sind normgerecht zu ergänzen.

Weitere hierzu benötigte Schaltzeichen nach DIN EN 60617:

PVC-Aderleitung mit 1,5 mm² Querschnittsfläche

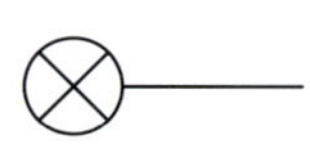
Leuchte, allgemein

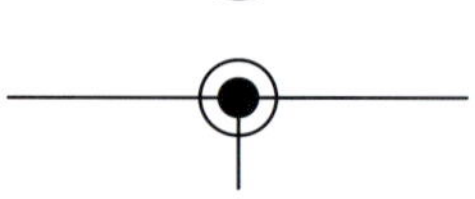
Anschlussdose mit Abzweigung

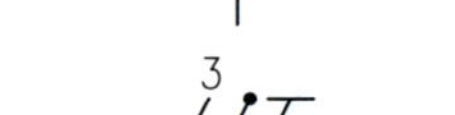

Anzahl und Art der Leiter: 3xLeiter, 1xN, 1xPE (Aderanzahl 5)

11 Schalt- und Ablaufpläne der Pneumatik

Bauelemente und Grundschaltungen der Pneumatik

Unter Pneumatik versteht man die Anwendung von Druckluft in Steuerungen.
Die zweckmäßige und richtige Anwendung pneumatischer Steuerungen setzt die Kenntnis der einzelnen Elemente und deren Funktion sowie die Möglichkeiten ihrer Verknüpfung voraus.
Für die zeichnerische Darstellung sind nach DIN ISO 1219-2 entsprechende Bildzeichen (Symbole) eingeführt.
Zum Zeichnen der Symbole werden vorteilhaft Schablonen (Linienbreite 0,7) verwendet.

Wegeventile

Wegeventile beeinflussen den Weg der Druckluft, öffnen und schließen den Durchfluss oder ändern die Durchflussrichtung.

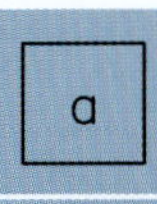	Jede Schalterstellung wird durch ein Quadrat dargestellt.
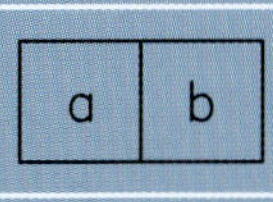	Die Anzahl der Felder (Quadrate) ist gleich der Anzahl der Schaltstellungen.
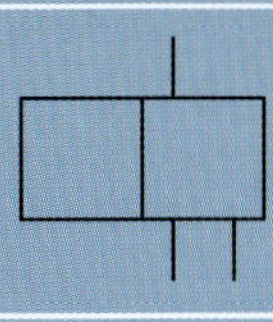	Die Anschlüsse werden an das Feld „Ausgangsstellung" bzw. „Ruhestellung" herangezogen.
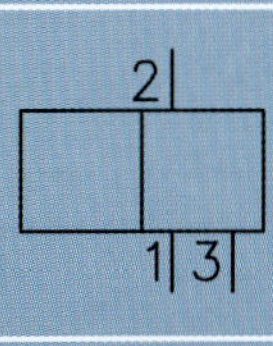	Die Anschlüsse werden mit Ziffern versehen: 1 Energieanschluss 2, 4 Arbeitsanschlüsse 3, 5 Entlüftungen, Abfluss 12, 14 Steueranschlüsse
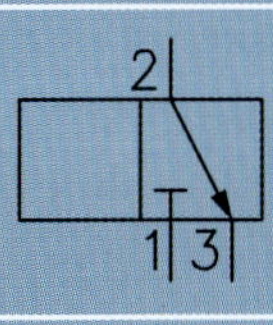	Innerhalb der Quadrate werden durch Linien die Leitungen, durch Pfeile die Durchflussrichtungen gekennzeichnet. Kleinere Querstriche an den Anschlüssen bedeuten Absperrungen.
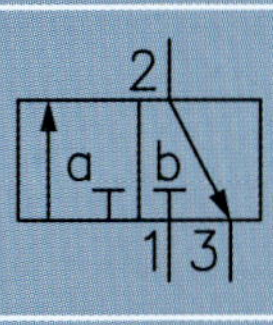	3/2-Wegeventil in Ausgangsstellung b └── Zahl der Schaltstellungen └── Zahl der Anschlüsse
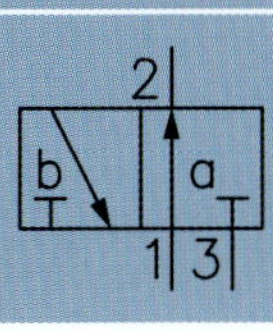	3/2-Wegeventil in Schaltstellung a Bei Betätigung stellt man sich die Felder zwischen den Anschlüssen verschoben vor.

Betätigungsarten

Muskelkraftbetätigung							
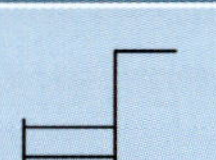	allgemein	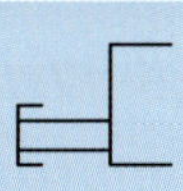	durch Druckknopf	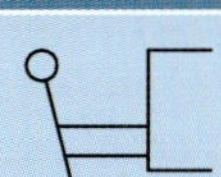	durch Hebel	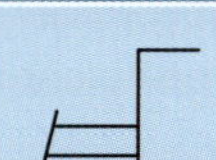	durch Pedal

Mechanische Betätigung							
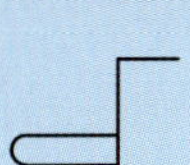	durch Stößel	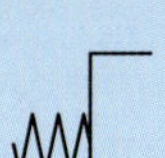	durch Feder	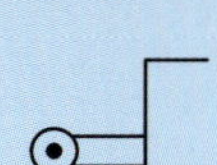	durch Rollenstößel	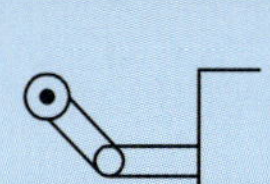	durch Rollenhebel, eine Betätigungsrichtung

Pneumatische Betätigung		Elektrische Betätigung	
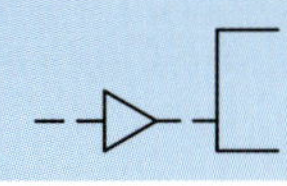	direkt durch Druckbeaufschlagung	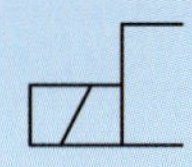	durch Elektromagnet

Beispiele

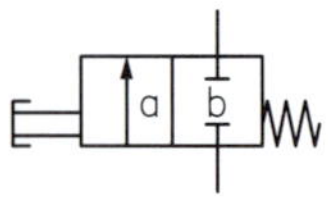

2/2-Wegeventil
Sperr-Nullstellung
Schaltung durch Druckknopf a
Rückstellung durch Feder b

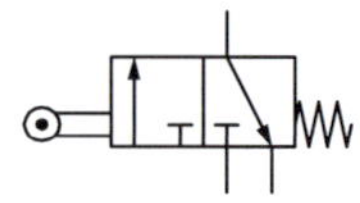

3/2-Wegeventil
Schaltstellung durch Tastrolle
Ausgangsstellung durch Feder

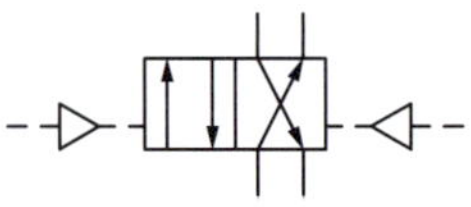

4/2-Wegeventil
Schaltstellung und Rückstellung durch Druckbeaufschlagung

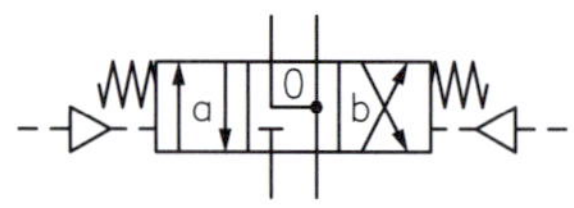

4/3-Wegeventil
Schaltstellung a, b durch Druckbeaufschlagung
Rückstellung 0 (Ruhestellung durch Feder)

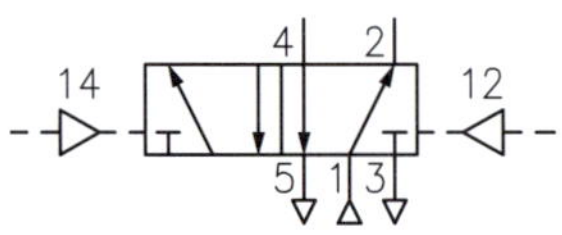

5/2-Wegeventil
Schaltstellung und Rückstellung durch Druckbeaufschlagung
Signal an Steueranschluss 12 ergibt Druckluft an Ausgang 2
Signal an Steueranschluss 14 ergibt entsprechend Druckluft an Ausgang 4

Zylinder

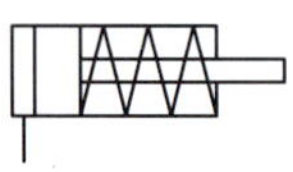

Einfach wirkender Zylinder, mit einseitiger Kolbenstange, Rückhub durch Federkraft, Federraum mit Anschluss

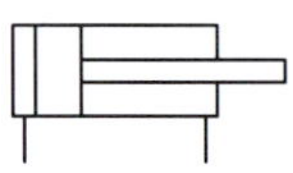

Doppelt wirkender Zylinder mit einseitiger Kolbenstange

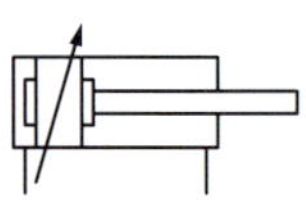

Doppelt wirkender Zylinder mit beidseitig verstellbarer Dämpfung

Kompressoren und Motoren

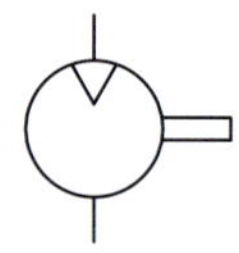

Pneumatikmotor

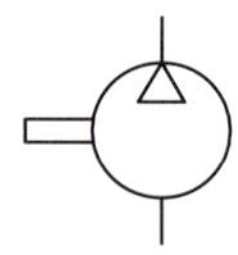

Kompressor

Energieübertragung

Druckquelle

Arbeitsleitung

Steuerleitung

Leitungsverbindung

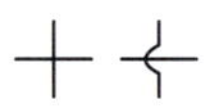

Leitungskreuzung

Auslass ohne Anschluss

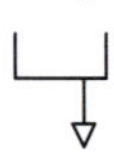

Auslass mit Anschlussgewinde

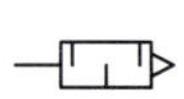

Geräuschdämpfer

Druckluft-Wartungseinheit (FRL-Einheit)

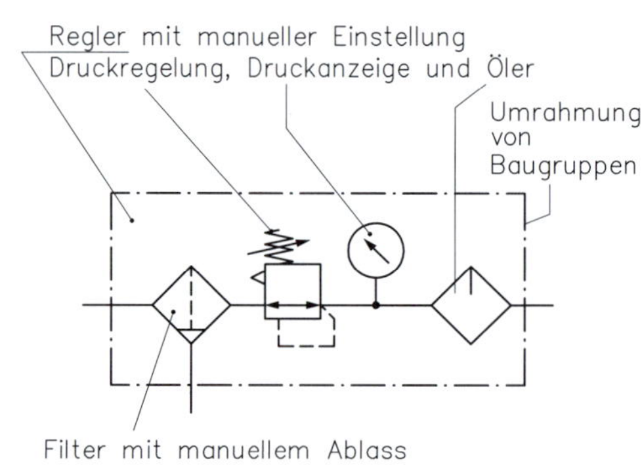

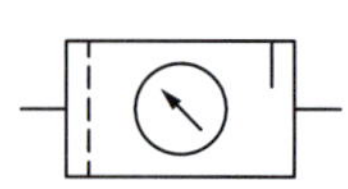

vereinfachte Darstellung

Energiespeicher

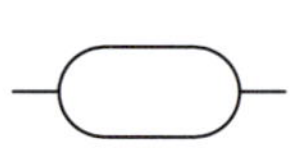

Luftbehälter

Schalt-Druckventile

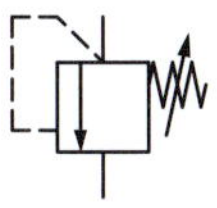

Druckbegrenzungsventil einstellbar

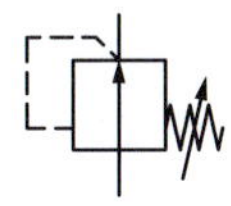

Druckregelventil einstellbar

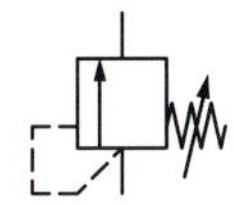

Folgeventil (Zuschaltventil) einstellbar

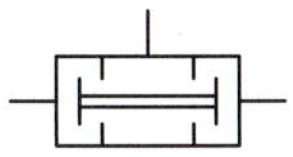

Zweidruckventil (UND – Funktion), ein Ausgangssignal ist dann gegeben, wenn beide Eingänge unter Druck stehen. Das schwächere Signal erscheint am Ausgang.

Schalt-Stromventile

Drosselventil, einstellbar

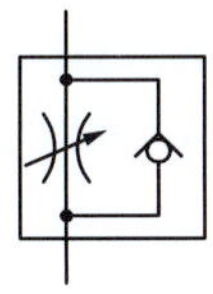

Drosselrückschlagventil, einstellbar, freier Durchfluss in einer Richtung

Rückschlagventile und Wechselventile

Rückschlagventil, Durchfluss nur in einer Richtung möglich

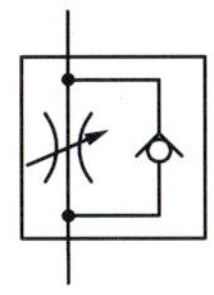

Wechselventil (ODER-Funktion), der Eingang, an dem der höhere Druck anliegt, wird automatisch mit dem Ausgang verbunden

Rückschlagventil mit Feder, Durchfluss nur in einer Richtung möglich, Ruhestellung geschlossen

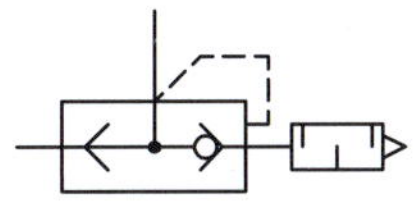

Schnell-Entlüftungsventil

Funktionsbeschreibung zu Schaltplan S. 78

(Vorgangsbeschreibung des Zusammenwirkens von Signal-, Stell-, Steuer- und Antriebsgliedern) In der Grundstellung nimmt die Kolbenstange des Zylinders 1.7 die hintere Endlage ein.
Das impulsbetätigte Stellglied 1.5 (5/2-Wegeventil mit Speicherverhalten) belüftet den Kolbenstangenraum und entlüftet den Kolbenraum.
Wird wenigstens eines der beiden Signalglieder 1.1 bzw. 1.2 (3/2-Wegeventile) betätigt, dann schaltet das Stellglied 1.5 über das Steuerglied 1.4 (Wechselventil) um und die Kolbenstange fährt abluftgedrosselt durch das Drosselrückschlagventil 1.6 langsam aus.
In der vorderen Endlage betätigt die Kolbenstange das Rollenhebelventil 1.3 und gibt damit Signal über das Stellglied 1.5 für den Rücklauf.

Anmerkung:
Steht am Stellglied 1.5 (5/2-Wegeventil) noch Gegensignal an, kann der Rückhub nicht eingeleitet werden. Eine Umsteuerung kann also nur erfolgen, wenn das Signalfeld 1.1 bzw. 1.2 rechtzeitig losgelassen wird.
Der Markierungsstrich auf dem Schaltplan an der Zylinderausfahrstellung zeigt die Lage des Grenztasters 1.3 für den Schaltbetrieb.
Das 5/2-Wegeventil wird oft an Stelle des 4/2-Wegeventils eingesetzt. Mit dem 5/2-Wegeventil kann die Luft beim Ein- und Ausfahren der Kolbenstange über getrennte Entiüftungsanschlüsse abgeführt werden. Die Steuerungsfunktionen des 4/2- und 5/2-Wegeventils sind jedoch grundsätzlich dieselben. Das eingesetzte 5/2-Wege Impulsventil speichert den Schaltzustand. Der Schaltzustand bleibt solange erhalten, bis ein neues Schaltsignal die Ventilsteuerung ändert. Diese Eigenschaft ist unabhängig von der Zeitdauer, die das Signal am Schaltventil anliegt.

Schaltplan einer Steuerkette

Der Funktionsablauf einer pneumatischen Steuerung wird mithilfe eines Schaltplanes nach DIN ISO 1219-2 erstellt. Hierbei werden alle durch Leitungen miteinander verbundenen Elemente zu einer oder mehreren Steuerketten zusammengefasst. Die Geräte einer Steuerkette werden entsprechend ihren Funktionen von unten nach oben (Richtung des Energieflusses) angeordnet.

Der Schaltplan soll in der **Ausgangsstellung** gezeichnet werden. Unter Ausgangsstellung versteht man die Stellungszustände der Geräte bei unter Druck stehender Anlage vor Eingabe des Startsignals.

Aufbau des Schaltplanes

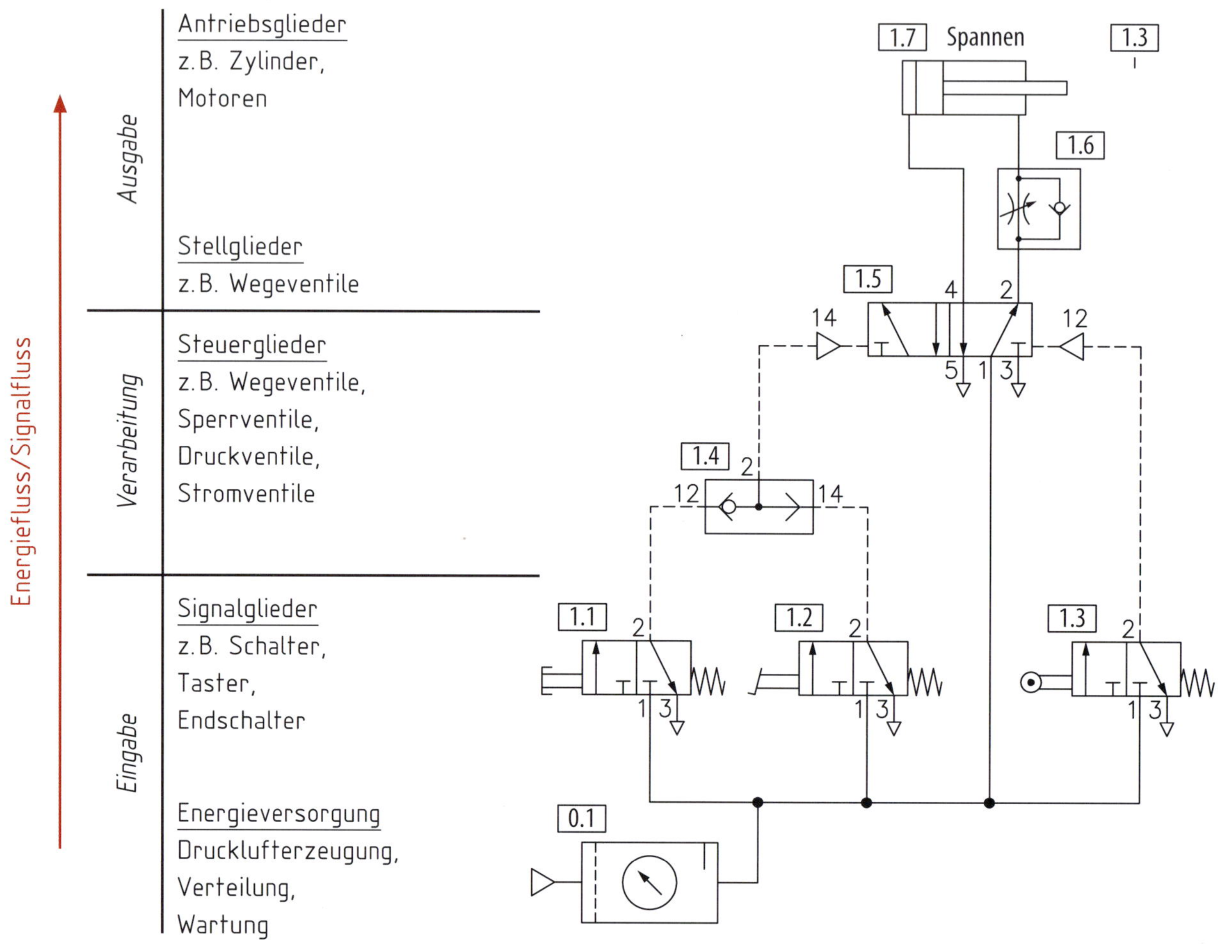

Kennzeichnungsschlüssel für Bauteile

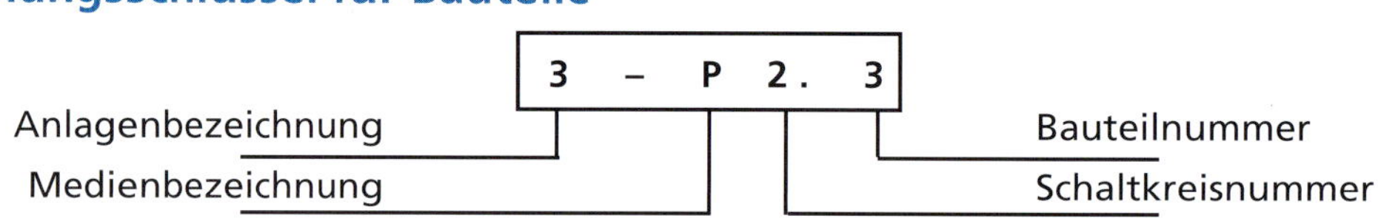

Anlagenbezeichnung
Besteht ein Kreislauf aus mehreren Anlagen, muss die Anlagenbezeichnung mit angegeben werden. Befindet sich nur eine Anlage im Kreislauf, kann die Bezeichnung entfallen.

Medienbezeichnung
Sobald mehr als ein Medium in einer Anlage verwendet wird, muss der Medienschlüssel angegeben werden. H = Hydraulik, P = Pneumatik, C = Kühlung, K = Kühlschmiermittel, L = Schmierung, G = Gastechnik

Schaltkreisnummer
Jedes Bauteil, dass sich in einem Schaltkreis (nach Druckluftversorgung, Aggegrat, Ventil,...) befindet, muss eine Schaltkreisnummer im Bezeichnungsschlüssel haben. Die Schaltkreisnummer sollte vorzugsweise mit „0" beginnend und weiter mit nachfolgenden Nummern (1,2,3 ...) hochgezählt werden.

Bauteilnummer
Jedes Bauteil in einem Schaltkreis, muss mit einer Bauteilnummer bezeichnet werden. Die Bauteilnummer, muss beginnend mit „1" und weiter mit nachfolgenden Nummern, (2,3,4 ...) versehen werden...

Zustandsdiagramme

Im Zustandsdiagramm werden die Funktionsfolgen und die steuerungstechnische Verknüpfung der Bauteile grafisch dargestellt.
Die Darstellung ist an keinen Maßstab gebunden.

Antriebsglieder werden durch Funktionslinien (breite Linien) angezeigt.
Eine schräg verlaufende Funktionslinie bedeutet Bewegung.
Eine waagerecht verlaufende Funktionslinie bedeutet Stillstand.

Ventil mit zwei Schaltstellungen:

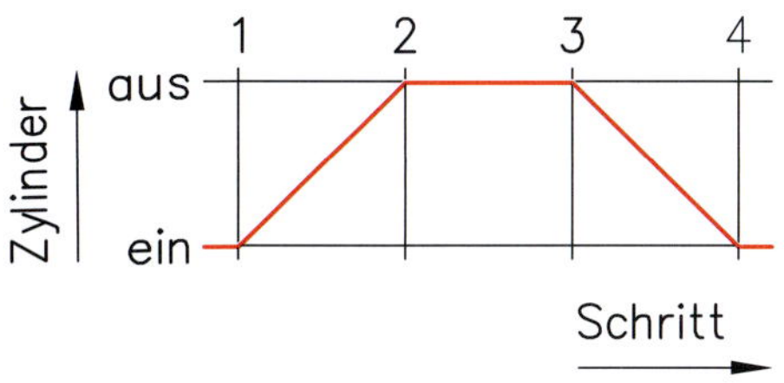

Zylinder fährt bei *Schritt 1* aus.
Schritt 2: Zylinder bleibt in Vorderstellung.
Schritt 3: Zylinder fährt in Ausgangsstellung zurück.

Stell- und Steuerglieder werden ebenfalls durch Funktionslinien eingetragen. Die Zustandsänderung wird auf der Schrittlinie senkrecht eingezeichnet. Die Lage der Funktionslinie kennzeichnet die jeweilige Schaltstellung.

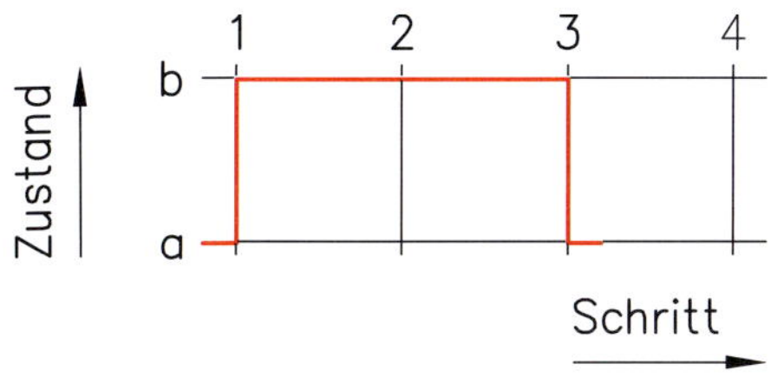

Ventil schaltet bei *Schritt 1* von Ausgangsstellung a in Schaltstellung b.
Schritt 2: Ventil bleibt in Schaltstellung b.
Schritt 3: Umschalten aus Stellung b in Ausgangsstellung a.

Signalglieder und Signallinien

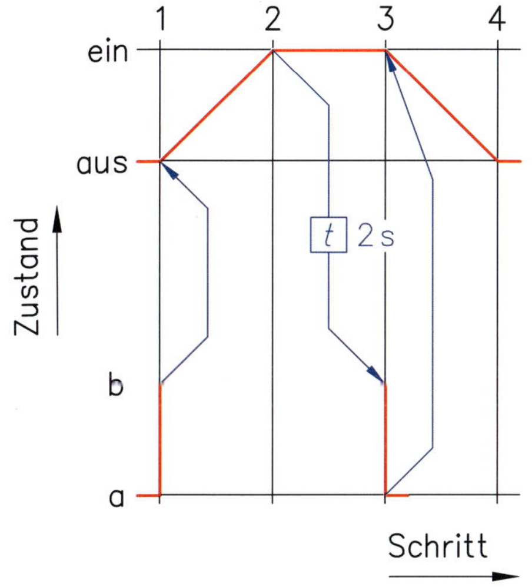

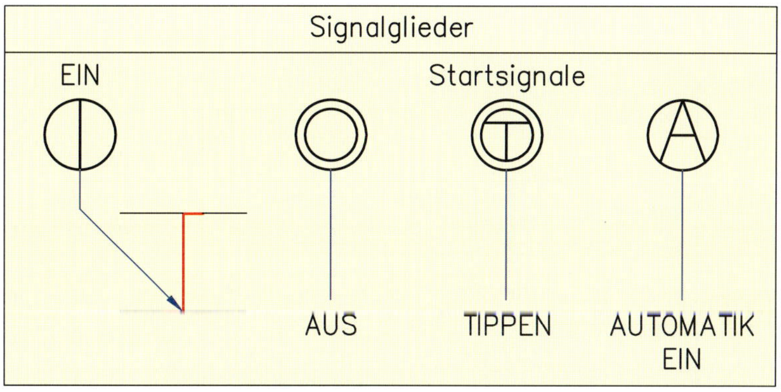

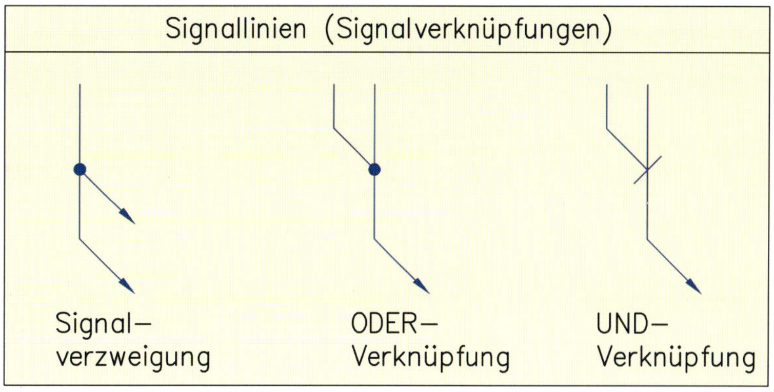

Pneumatikschaltplan

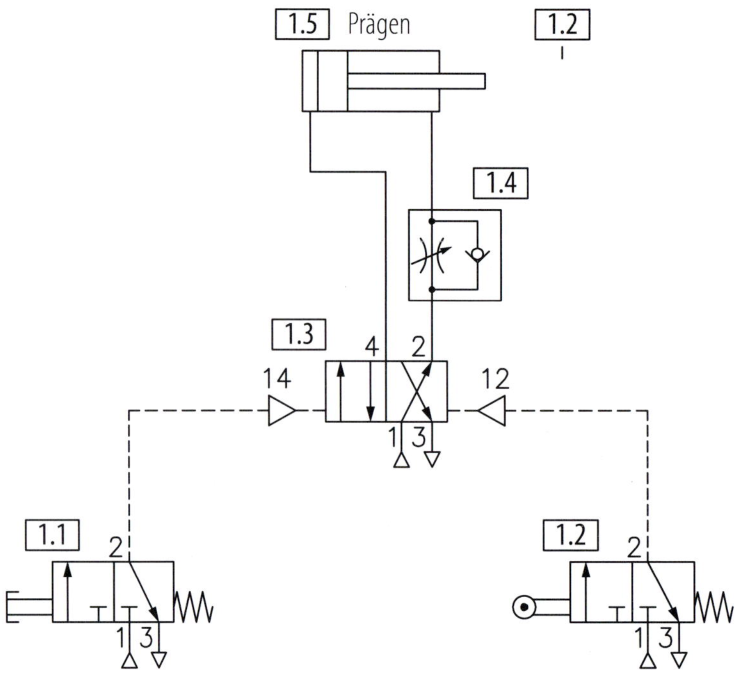

Beschreibung

Nach erfolgtem Startsignal soll ein doppelt wirkender Zylinder langsam ausfahren, in der vorderen Endstellung ein 3/2-Wegeventil mit Rollenstößel betätigen und sofort wieder in die Ausgangsstellung zurückfahren.

Zustandsdiagramm

In der senkrechten Koordinatenachse (Spalte) wird die Lage der Bauteile dargestellt. In der waagerechten Koordinatenachse (Ziele) werden die einzelnen Arbeitsschritte in ihrer zeitlichen Abhängigkeit gezeigt.

Bauteil		Zustand	
Nr.	Benennung	Aufgabe	Lage
1.5	doppelt wirkender Zylinder	Prägen	aus ein
1.3	4/2-Wegeventil impulsbetätigt	steuert 1.5	b a
1.1	3/2-Wegeventil Knopf / Feder	steuert 1.3 Start	b a
1.2	3/2-Wegeventil Rollenstößel / Feder	steuert 1.3	b a

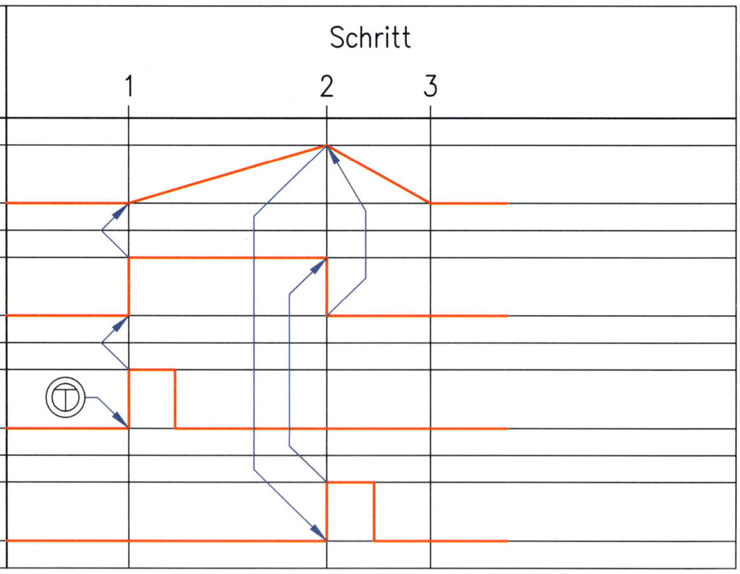